装备科技译著出版基金

Coriolis Vibratory Gyroscopes
Theory and Design

科里奥利振动陀螺仪理论与设计

[乌克兰] 弗拉季斯拉夫·阿波斯托柳克 著
(Vladislav Apostolyuk)

赵小明 张悦 蒋效雄 等译

国防工业出版社
·北京·

内 容 简 介

本书通过数学模型分析科里奥利振动陀螺仪(CVG)所能达到的性能,提供了多种类型 CVG 的最新理论分析和设计方法,也给出了不同类型敏感元件的运动学分析及运动方程的推导方法,分析了 CVG 在信号调制和解调中的动力学特性、信号处理和控制方法。同时介绍了如何使用 Simulink® 对 CVG 进行数值模拟仿真。

本书适合从事科里奥利振动陀螺仪研究和设计的研究生、科研人员和工程师阅读;适用领域包括但不限于:惯性传感器和系统、汽车和消费电子产品、小型无人驾驶飞机控制系统、个人移动导航系统和相关软件开发,以及虚拟现实系统。

著作权合同登记　图字:01-2023-4263 号

图书在版编目(CIP)数据

科里奥利振动陀螺仪理论与设计/(乌克兰)弗拉季斯拉夫·阿波斯托柳克著;赵小明等译.—北京:国防工业出版社,2024.4
书名原文:Coriolis Vibratory Gyroscopes Theory and Design
ISBN 978-7-118-13160-4

Ⅰ.①科… Ⅱ.①弗…②赵… Ⅲ.①科里奥里力—振动陀螺仪 Ⅳ.①TN965

中国国家版本馆 CIP 数据核字(2024)第 064276 号

First published in English under the title:
Coriolis Vibratory Gyroscopes Theory and Design
by Vladislav Apostolyuk
Copyright © Springer International Publishing Switzerland 2016
This edition has been translated and published under licence from Springer Nature Switzerland AG.
本书简体中文版由 Springer 授权国防工业出版社独家出版。
版权所有,侵权必究。

※

*国防工业出版社*出版发行
(北京市海淀区紫竹院南路 23 号　邮政编码 100048)
北京虎彩文化传播有限公司印刷
新华书店经售

*

开本 710×1000　1/16　印张 11　字数 150 千字
2024 年 4 月第 1 版第 1 次印刷　印数 1—1200 册　定价 98.00 元

(本书如有印装错误,我社负责调换)

国防书店:(010)88540777　　书店传真:(010)88540776
发行业务:(010)88540717　　发行传真:(010)88540762

序

惯性技术作为一门研究载体运动位置、姿态的多学科融合尖端技术，长期以来不仅成为深远海潜航、航空航天、地面武器等军事国防装备上用于导航的关键技术，而且还在智能电子、地质资源勘探及开采、立体交通及生物医疗等国民经济主战场发光发热。惯性技术的发展与成熟度成为衡量一个国家科技水平的重要指标。

陀螺仪作为惯性技术的核心技术之一，经过170年不断地研究和进步，已从最初代的机械陀螺逐步发展出光学陀螺、谐振陀螺和原子陀螺等先进陀螺，根据实际需求在各个领域进行着不同程度的应用。特别是以半球谐振陀螺为代表的科里奥利振动陀螺仪，被国际惯性技术界认为是21世纪广泛应用于各类运载器捷联惯导系统的最理想器件。

谐振陀螺最早在20世纪中叶形成样机，而其工程化受限于成本、工艺技术等原因，并未获得较广范围的应用。但其独特的工作原理及巧妙的设计思路吸引了广大科研人员的研究兴趣，随着陀螺原理研究的深入和制造技术的不断创新与突破,再结合当今装备及信息电子技术的发展大方向,谐振陀螺终于迎来了属于自己发展的春天。

我国对基于科里奥利振动陀螺仪的研究起步虽晚,但奋起直追,已取得了一系列阶段性成果,相关的核心指标已可以和国际先进水平相媲美。但是随着对该种陀螺的研究工作逐步进入"深水区",关于科里奥利振动陀螺仪的基本理论原理研究和本源设计变得愈加重要。

《科里奥利振动陀螺仪理论与设计》一书阐述了谐振陀螺的基础理论、设计方法及信号处理等方面的知识,深层次地揭示了谐振陀螺的设计思路与研究成果。本书的翻译适逢其会,非常适用于当前我国谐振陀螺研究发展现状,为广大科技工作者深入学习基础原理及设计提供了全新方向,将促进谐振陀螺的研制和应用能力提升,为我国谐振陀螺研究赶超国际领先水平提供重要支撑。

包为民
2022.11.4

包为民,中国科学院院士。

译者序

陀螺仪作为一种测量载体角运动参数的工具，自18世纪被人类所认识，迄今为止在各个领域都获得了广泛的应用。随着船舶、航空、航天等领域的发展，人们对陀螺仪性能的要求也在不断提高，在满足测量精度要求的基础上，对陀螺仪的体积、成本、工作可靠性等方面也提出了各项要求。

本书中介绍的科里奥利振动陀螺仪（CVG）作为新一代陀螺仪的成员之一，具有比传统陀螺仪精度更高、可靠性更强、体积更小等特点，且更容易小型化、微型化。在航空、航天领域中，由于科里奥利振动陀螺仪不存在可旋转的机械结构，它的高可靠性和稳定性令其能够为在太空中连续工作20年的近地和星际探测器提供信息保障；在航海领域中，由于科里奥利振动陀螺仪往往能够实现自校正等来抑制精度发散，使其具备长航时、高精度，甚至终身免标定的优势。目前，业界已普遍认为以石英半球谐振陀螺为代表的科里奥利振动陀螺仪，是目前最具发展潜力的陀螺仪之一。

我国对陀螺仪的研究经历了从无到有，从落后到先进的发展历程，完成了对陀螺仪的探索、创新和发展，取得了长足的进步。但对于科里奥利振动陀螺仪的研制与国际先进水平存在一定的差距，主要体现在理论基础薄弱，对科里奥利振动陀螺仪的认识程度不够全面且深入，尚不能满足国防和国民经济建设需求。

本书原作者为乌克兰学者 Vladislav Apostolyuk 博士，现就职于乌克兰国立技术大学飞机控制系统与仪表部。主要研究方向为电子与微电子仪器、控制系统与理论及相关工程设计，具有丰富的理论基础和微惯性器件开发经验。本书系统地描述了科里奥利振动陀螺仪的原理，对科里奥利振动陀螺仪中敏感元件的动力学以及信号的解调处理方案进行了严谨的理论分析，包含了严格且全面的公式推导过程，之后基于此梳理了科里奥利振动陀螺仪通用性设计方法，并介绍了后续的信号处理以及误差补偿方案，内容系统且全面。

译者团队长期专业从事谐振陀螺仪研制工作，参加翻译工作的人员有赵小明、张悦、蒋效雄、田欣然、丛正、史炯、来琦、王宝琛、王泽涛、于得川、韦路锋、王妍妍、田纪遨、姜丽丽、李世杨、刘仁龙、崔云涛、韩鹏宇、冯小波等，利用业余时间完成了本书的翻译工作。非常感谢国防工业出版社对本书翻译出版的大力支持，以及装备科技译著出版基金的资助。译者针对我国现阶段关于谐振陀螺的科研生产现状，对本书进行了翻译工作,期望能够为从事相关研究的技术人员、管理人员以及相关院校师生提供实质性的指导与帮助,从而促进国内谐振陀螺技术的提升,推动我国惯性技术的快速发展。

译者

2023 年 1 月

前 言

由于机械制造技术的进步和大规模生产带来的成本降低,微型角速率传感器(陀螺仪)伴随电子产品逐渐走入我们的生活中,像智能手机、平板电脑、手表等。很多人往往都没有意识到,我们口袋中装着各种传感器和完整导航系统。而在不久之前,这些系统仅用于海上、地面、空中以及太空中的先进设备。在任何需要对用户动作做出反应的小型装置中,都能发现加速度计和陀螺仪的身影,而其中最常用的陀螺仪类型之一就是科里奥利振动陀螺仪。

得益于世界各地科学家进行研究和开发工作的贡献,科里奥利振动陀螺仪才有如此迅速的发展。到目前为止,许多关于微型机械惯性传感器设计与制造的图书已经出版,内容涵盖了制造微型机械惯性传感器发展中的许多重要方面。本书旨在通过理论分析、数学建模、设计开发来完成科里奥利振动陀螺仪设计与制造的理论指导工作,将数学模型和理论分析共同用于敏感元件的优化设计工作,以及信号处理和控制系统的开发,而并非通过试验和不断试错来实现所需的性能。

第1章为概述,对科里奥利振动陀螺仪敏感元件常用的设计方案进行了分类;第2章推导敏感元件的运动方程,并联立为一组方程,涵盖了大多数的敏感元件类型;第3章中用广义运动方程求解了科里奥利振动陀螺仪中可用于角速率测量的相关项;第4章涵盖了科里奥利振动陀螺仪数学建模中解调信号的内容,提供了有效分析敏感元件动态过程以及控制和信号处理系统开发的手段;第5章介绍了科里奥利振动陀螺仪主要性能参数的计算方法和敏感元件的设计分析方法;第6章介绍了信号处理和控制系统开发的具体实施方案。其中,第5章和第6章为前面几章的总结和延伸,可以独立阅读。

本书要求读者至少具备高等数学、力学和控制系统理论的基本知识。本书的读者对象并非所有对振动科里奥利振动陀螺仪感兴趣的人,而是需要具备研究生或者更高学历的读者。此外,由于本书中没有标注参考文献,读者无须遵循参考文献并在其他的地方获取额外信息。本书中的许多结果可以参考作者之前的出版物,但为了减轻读者在其他地方搜索相关主题信息的负担,文中有意省略了这些参考资料。针对有需要的人,本书在最后按时间顺序给出了一份关于科里奥利振动陀螺仪的重要出版物清单,即"延伸阅读文献"。

最后,关于科里奥利振动陀螺仪及其他惯性仪表的研究、开发以及写作永无止境,所以请读者自由表达观点、提出创新性建议和问题,愿大家能够有所收获。

目录

第1章 概述 ··· 1

1.1 科里奥利振动陀螺仪的工作原理及其分类 ················· 2

1.2 科里奥利振动陀螺仪分类 ··· 4

1.3 敏感元件设计 ·· 6

    1.3.1 单质量与振动梁科里奥利振动陀螺仪 ············· 7

    1.3.2 带解耦框架的单质量科里奥利振动陀螺仪 ····· 9

    1.3.3 盘式陀螺仪 ·· 11

    1.3.4 音叉陀螺仪 ·· 12

    1.3.5 半球谐振陀螺仪 ·· 16

第2章 科里奥利振动陀螺仪的运动方程 ············· 19

2.1 平动敏感元件运动方程 ··· 20

2.2 旋转敏感元件运动方程 ··· 25

2.3 音叉敏感元件运动方程 ………………………………………… 31

2.4 环形敏感元件运动方程 ………………………………………… 35

2.5 广义运动方程 …………………………………………………… 36

2.6 小结 ……………………………………………………………… 38

第3章 敏感元件动力学 ………………………………………………… 40

3.1 敏感元件的主振动分析 ………………………………………… 40

3.2 动态下敏感元件运动学分析 …………………………………… 43

3.3 等效质量运动轨迹建模 ………………………………………… 52

3.4 基于Simulink®的科里奥利振动陀螺仪动力学进行数值仿真 … 59

3.5 小结 ……………………………………………………………… 61

第4章 解调信号中的科里奥利振动陀螺仪动力学 …………………… 63

4.1 解调信号中的运动方程 ………………………………………… 64

4.2 科里奥利振动陀螺仪的传递函数 ……………………………… 67

4.3 幅相响应 ………………………………………………………… 71

4.4 稳定性和动态过程优化 ………………………………………… 72

4.5 简化的科里奥利振动陀螺仪传递函数及其精度 ……………… 77

4.6 轨迹旋转传递函数 ……………………………………………… 79

4.7 小结 ……………………………………………………………… 83

第 5 章 敏感元件设计方法 ·············· 84

5.1 主振动的最优驱动方式 ·············· 84

5.2 标度因数及其线性度 ·············· 96

5.3 分辨率与动态范围 ·············· 102

5.4 偏差 ·············· 106

5.5 动态误差和带宽 ·············· 109

5.6 小结 ·············· 116

第 6 章 信号处理与控制 ·············· 117

6.1 科里奥利振动陀螺仪中的工艺和传感器噪声 ·············· 117

6.2 传感器噪声优化滤波 ·············· 119

6.3 过程噪声最优滤波 ·············· 124

6.4 最优卡尔曼滤波合成 ·············· 128

6.5 交叉耦合补偿 ·············· 133

    6.5.1 耦合运动方程与系统结构 ·············· 133

    6.5.2 解耦系统综合 ·············· 136

    6.5.3 部分解耦系统 ·············· 139

    6.5.4 线性完全解耦系统 ·············· 140

6.6 温度误差补偿 ·············· 142

  6.6.1 交叉阻尼传递函数 ·················· 142

  6.6.2 交叉阻尼的经验建模 ··············· 145

  6.6.3 温度补偿系统 ······················ 146

  6.6.4 温度误差最优滤波 ················· 147

6.7 全角-力平衡控制 ····························· 149

6.8 小结 ·· 153

  延伸阅读文献 ··································· 154

第 1 章
概 述

人们普遍认为,传统的陀螺仪能够作为一种确定方向的仪器,是受到陀螺的启发。当陀螺旋转的时候,无论其基座方向如何,陀螺的转轴总能保持与基座垂直的方向。自 18 世纪以来,人们一直运用这种特性来寻找地平线。傅科(Léon Foucault)在 1852 年使用一个快速旋转的转子来演示地球自转的时候,正式确定了"陀螺仪"(gyroscope)一词。这个词由两个希腊词汇组成:"gyros"代表"旋转"或"圆","scope"代表"看"或"观察"。虽然陀螺仪的发明另有其人,但是傅科于 1981 年就使用一个"钟摆"(傅科摆)在另一个实验中证实了地球的自转。傅科摆在现在被看作现代科里奥利振动陀螺仪的原型。

1.1　科里奥利振动陀螺仪的工作原理及其分类

传统的机械陀螺仪由一个内外双框架结构和一个转子构成,该框架结构为转子提供了与自身旋转相应的两个角自由度。这种结构称为自由陀螺仪。自由陀螺仪总能保持其转子的旋转轴与惯性参照系的方向相关联,惯性参照系一般设定为恒星参考系。当无法利用常规手段直接辨别方向时,就可以利用这一特性,来确定用户相对于惯性坐标系的方向。若去掉自由陀螺仪的外框架,剩下的内框架只能提供一个角自由度,当基座开始旋转时,转子的转轴会产生转动,直到与外部输入角速率方向轴对齐。这种现象被人们用来制造例如人工地平线和陀螺罗经之类的仪器,这种情况下其外部角速率是由地球自转提供的。若在框架上加一个弹簧,阻止转子的转轴和角速率轴二者对齐,此时框架的偏转角度与外部速率的大小是线性相关的,并且该角度值测量起来很容易,这种仪器叫作角速率传感器。使用角速率传感器代替自由陀螺仪制造惯性导航仪器能够有效地降低成本,但精确度会有所下降。目前,已经有各式各样的角速率传感器问世,其中振动陀螺仪就占据了现代机电传感器的一席之地。

振动陀螺仪的主要思想是用振动结构取代连续旋转的转子,利用科里奥利效应来产生与外角速率相关的二次运动。这种类型的角速率传感器通常称为科里奥利振动陀螺仪(CVG)。

在大多数 CVG 中,敏感元件由惯性元件 m 和弹性支撑组成,通常有垂直方向和水平方向两个自由度,如图 1.1 所示。与加速度计中使用的术语相似,我们一般将大惯量单元 m 称为等效质量。通过激励,令该敏感元件以某阶模态一定振幅运动,这种振动称为主振动。敏感元件能够关联某一方向转动的轴,称为敏感轴(图 1.1 中垂直于平面向外的轴)。由于科里奥利效应,当等效质量沿正交方向运动时,会产生次运动,而被一虚拟力——科里奥利力所量化:

$$F_C = -2m\Omega \times v \qquad (1.1)$$

式中　v——主运动的矢量;

　　　Ω——外界输入角速率。

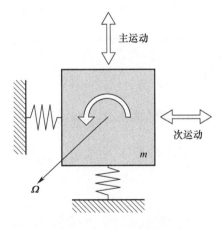

图 1.1　CVG 工作原理

实际上,由于科里奥利效应,会产生两个互相耦合的运动模态。如果没有外部角速率输入($\Omega = 0$),则没有科里奥利现象产生的耦合,也就不会发生次运动。

在振动陀螺仪中,这个主运动体现为敏感单元的振动。因此次运动同样体现为振动。后文中,由外部激励产生的振动称为主振动或主模态,由角速率输入引起的振动称为次振动或次模态。

与传统的基于框架结构的机电陀螺仪角速率传感器有所不同,振动陀螺仪关于外部角速率的信息包含在次振动的振幅中,而并非框架偏转。

利用敏感元件的振动而不是旋转,就避免了传统的陀螺仪器件中框架轴承的摩擦,并且在很大程度上简化了敏感元件的设计。此外,因为无须电机旋转,相比于传统陀螺仪,振动陀螺仪更加容易小型化。

同样,CVG 也可以在两种模式下工作:一种是作为角速率传感器,能够测量外部输入角速率;另一种就是"全角模式",其测量的并非角速率,而是外部输入旋转的角度。其中,后者可以通过对敏感元件进行特殊设计,使元件的阻尼被忽略,或者通过设计专门的反馈控制系统来实现。虽然人们一般认为角速率积分 CVG 更加复杂且更加先进,但其实第一个振动陀螺仪——傅科摆本身就是一个角速率积分 CVG。

1.2 科里奥利振动陀螺仪分类

一般来说,陀螺仪的主次运动可以被设计成不同的类型。例如,在音叉陀螺仪中就实现了把平移作为主振动和旋转作为次振动的组合。而且主运动的性质也并不一定是振动，也可以是旋转，这种陀螺仪叫作旋转振动陀螺仪。但是，同种类型的主次运动往往更方便实现。

根据所使用的惯性元件的数量、敏感元件的主、次运动性质，CVG分类如图1.2所示。

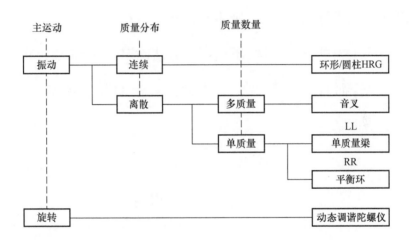

图1.2　CVG分类

根据敏感元件运动的性质进行顶层分类，其类型可以是"振动"，也可以是"旋转"。其中，经典的动态调谐陀螺仪(DTG)就是旋转陀螺仪的一个例子。

下一层为根据设计敏感元件的一般方法进行分类。其中，设计"振动"类型敏感元件的方法，可以基于连续质量或是离散质量(等效质量)。其对应的数学模型分别基于偏微分方程(即修正波动方程)与常微分方程系统。

第三层是关于离散质量的分类,分类原则是包含的振动等效质量的个数(单个或复数个)。

最后一层中,以敏感元件运动类型的组合进行分类,包括平动(线性运动)和转动两种类型,为了明确陀螺仪主运动和次运动的类型,本书用"L"表示平动(振动),用"R"表示转动。比如,假设敏感元件在主运动和次运动类型均为平动,则将其命名为"LL"。

本书所提出的分类方法,不但可以方便确定设计 CVG 过程中的数学建模方法,而且可以作为指导决策树来帮助开发新型 CVG 敏感元件。

1.3　敏感元件设计

为了使振动陀螺仪小型化并使其应用场合更加广泛,目前普遍使用微电子和微加工制造技术来生产 CVG 敏感元件。基于此类 CVG 敏感元件的陀螺仪通常称为微机械或微机电系统(MEMS)陀螺仪。

由于使用微加工过程生产复杂机械结构的严格限制,目前大部分微机械陀螺仪的结构都被设计得较为简单,即通过一个弹性支撑连接一个或多个大质量单元和基座的结构。

使用弹性支撑的主要目的是给等效质量提供至少有两个正交的自

由度,并允许主振动和次振动。另一个使用弹性支撑的目的,是为主振动和次振动之间提供充足的机械解耦,从而减小正交误差。

接下来将按照由简至繁的顺序,介绍上述分类中特定的敏感元件设计方案。

1.3.1 单质量与振动梁科里奥利振动陀螺仪

传统的单质量 CVG 敏感元件设计灵感源于第一个振动陀螺仪——傅科摆。可以肯定的是,这种设计仿照的是飞行昆虫,大多数飞行昆虫拥有头部平衡器,其原理可以看作简单的振动陀螺仪,使昆虫能够控制自己的飞行。

单一离散质量陀螺仪的例子十分少见,其是一个单一的等效质量,通过弹性杆连接在基座上,可在两个正交方向上发生偏转(图1.3)。

沿某一方向激发这个倒立摆产生主振动,当基座围绕垂直轴旋转时,等效质量就会产生主振动正交方向的次振动。只要 CVG 敏感元件由单一的弹性悬空等效质量构成,而没有其他基本质量,这样的设计就被称为单质量 CVG。

为了简化制作过程,可以采用方梁或三角梁的形式制作单质量敏感元件,如图1.4所示。

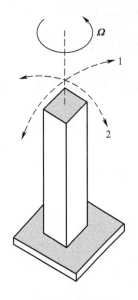
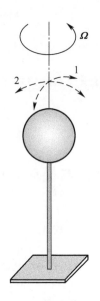

1—主运动；2—次运动。

图1.3 单质量 CVG

1—主运动；2—次运动。

图1.4 振动梁 CVG

尽管梁本身具有连续介质振动传感器的全部特性，但它的动力学方程和被设计成角速率传感器的方案，能够使用常微分方程很切合地描述。因此这个设计方案被归为离散介质这一类。

驱动和检测梁式敏感元件的运动有很多方法，如果梁由石英制成，则通常利用压电和压阻现象来驱动和检测系统。

虽然在图1.3中，振动梁结构相较于倒立摆更容易制造，但是使用微加工技术时，一般首选平面设计方案。如果一个敏感元件的所有结构部件都位于一个平面上，在一个硅片上完成其制造过程就会变得相对容易。这种平面单质量敏感元件设计的实例如图1.5所示。其中，

等效质量 m 的主振动是通过静电梳驱动器在平面内方向 1 激发的,而当基座开始旋转时,通过检测平面外方向 2 的次振动,便可实现外界输入角速率的测量。由于两个运动类型均为平动,根据图 1.2 中的分类,这种设计方案将分类为"LL"(线性主运动和线性次运动)。

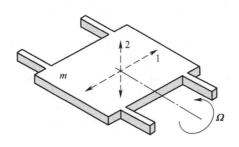

1—主运动;2—次运动。

图 1.5 平面单质量 CVG

也可以通过设计等效质量的弹性支撑,使其主振动和次振动在同一平面内产生(如图 1.1 中的原理图)。此时敏感元件能够检测出平面外方向的角速率。再结合图 1.5 中的设计方案,可以在一个平面硅片上制造能够敏感 3 个正交轴方向角速率的传感器。

1.3.2 带解耦框架的单质量科里奥利振动陀螺仪

单质量 CVG 的设计方案十分简单,但存在弊端。由于只依靠一根可自由进动的梁来促使质量产生主振动和次振动,哪怕很小的制造误差导致弹性支撑的轴不再与基座正交,也会产生很大的测量误差。此时敏感元件产生的次振动不再来源于外界输入角速率,而是由驱动系统通过弹性交叉耦合直接产生。为了克服这一问题,可以增加解耦框架结构,分别负责主振动和次振动(图 1.6),等效质量 m_1 放置在解耦框架 m_2 中,并通过弹性梁连接,使等效质量仅沿次方向运动。解耦框架通过另一组梁固定在基座上,这组梁只允许解耦框架的主方向运动。当敏感元件在平面内产生主振动和次振动时,即可测量平面外方向(垂直方向)的角速率。此外,设计相应的内梁也可以使等效质量产生平面外方向的次振动,从而测量平面内方向的角速率。

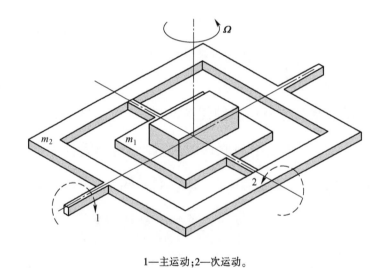

1—主运动;2—次运动。

图 1.6 带解耦框架的单质量"LL"类型 CVG

与前面的设计类似,这个敏感元件也代表了"LL"类型的陀螺仪。另外,如果用扭转弹性元件取代能够自由弯曲的弹性支撑,从而为主次运动提供旋转运动方式,这种设计方案就可以分类为"RR",由于其解耦框架类似于常规陀螺仪的平衡环,因此它常被称为平衡环陀螺仪。

这里,主运动和次运动都是绕扭转梁轴的旋转摆动,当检测到二次旋转摆动时,就能够实现对外界输入角速率的测量。为了使中心等效质量 m_1 获得额外的角惯性特性,通常在其上附加额外的质量惯性元件。

这些附加的惯性元件的形状并不固定,包括砖块形(图1.7)、球形、圆柱形等。选择什么样的形状取决于哪种形状能够为敏感元件提供最佳的角惯性特性,以及当前的制造技术。

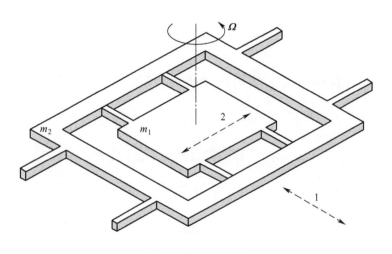

1—主运动;2—次运动。

图1.7 平衡环CVG("RR"类型敏感元件)

1.3.3 盘式陀螺仪

另一种CVG敏感元件——盘式陀螺仪,在其设计原理中,主运动和次运动均基于旋转方式(图 1.8)。

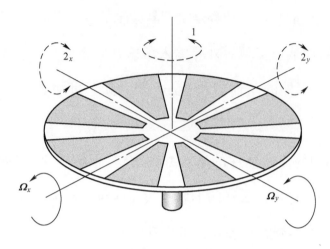

1—主运动;2—次运动。

图 1.8 盘式 CVG("RR"类型敏感元件)

沿垂直平面向外方向激励质量圆盘,使其进行主旋转振荡。当圆盘的二次角振动在相应的轴上被检测到时,外部输入角速率的两个互相正交的平面内分量 Ω_x 和 Ω_y 就能够被检测出来。从制造的观点来看,相比于单质量陀螺仪或者平衡环陀螺仪,盘式 CVG 敏感元件的结构更加复杂。设计人员面临的问题是,如何为盘式敏感元件提供绕 3 个正交轴振动的能力。而与盘式陀螺仪十分相似的动力调谐陀螺仪,其转子悬挂结构基本上解决了该问题。

1.3.4 音叉陀螺仪

根据图 1.2 中的分类,介绍完单质量陀螺仪类型之后,现在让我们将目光转向多等效质量的陀螺仪,例如经典的音叉设计,如图 1.9 所示。

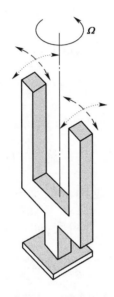

图 1.9 普通音叉

(虚线:主运动,点虚线:次运动)

从图 1.9 中可以看出,音叉尖端被驱动,沿着同一个轴以相反的方向振动。

当绕垂直轴发生外部旋转时,梳齿的尖端也会在相反方向产生次振动。此外,所有梳齿尖端上产生的科里奥利力的和,会沿垂直轴向共同产生谐波力矩。此时,如果其基座发生旋转,结构整体就会开始绕垂直轴摆动。之后就可以利用梳齿的次偏转或者结构整体发生的旋转,来实现次运动的检测,从而测量外界输入角速率。

为了实现差分测量方案,在敏感元件上设计两个或更多的等效质量,通过将每一时刻检测得到的次运动信号合并,来消除信号中的额外项。在消除多余信号的同时,有用信号则会变为以前的2倍。利用两个相反的激励分别驱动两个单质量CVG也可以实现类似的差分测量,但是将两个质量以弹性方式耦合在一起,其尖端自然会同步二者之间地相对运动,能够产生理想的反相位振荡。

同样,通过对两个单质量CVG施加相位相反的驱动,也可以实现差分测量。但是两个尖端通过同一根支柱弹性耦合,其相互运动会自动同步,从而使二者的相位完全相反,而对于两个不完全相同且不互相耦合的单质量敏感元件来说,很难实现相位的完美协同。

为了能够更好地结合不同来源的信号并实现自校准功能,在敏感元件上增加了更多的音叉尖端(图1.10和图1.11)。额外增加的尖端也能产生科里奥利效应,并且衍生出更丰富的激励-检测组合模式。而使用两个不互相耦合的单质量敏感元件则很难实现差分测量。

与普通的振动梁相似,这种音叉通常由石英制成,可以通过压电效应实现驱动和检测。但因为它的三维结构的相对复杂性,如果利用微机电技术进行加工制造会有一定的局限性。然而从微加工的角度来看,其可以设计成简单的平面结构,这种设计的一个例子如图1.12所示。

图1.12中,两个等效质量m_1和m_2向相反方向摆动,次运动也就

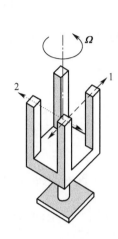

图 1.10 双音叉

（虚线：主运动，点虚线：次运动）

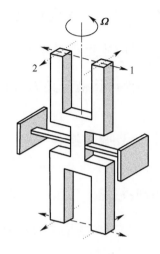

图 1.11 多尖端音叉

（虚线：主运动，点虚线：次运动）

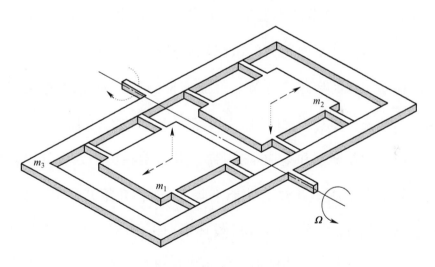

图 1.12 平面音叉 CVG 设计

（虚线：主运动，点虚线：次运动）

是普通坐标系 m_3 绕敏感轴(外角速率轴),在平面外方向检测。等效质量的柔性梁被设计成这样,它们只允许等效质量的基本运动发生。由于等效质量的主运动是平动,次运动是普通坐标系的旋转,根据之前的分类,这种设计将被定义为"LR"类型。

1.3.5 半球谐振陀螺仪

半球谐振陀螺仪(HRG)是连续振动介质的振动陀螺仪最具代表性的产品。HRG 敏感元件通常是基于谐振壳进行设计的,谐振壳为半球形或类似酒杯形状(图1.13)。

敏感元件的主振动由在壳体边缘激发的驻波提供。在没有外部角速率的情况下,波节点不发生移动,波节点与主轴1相差45°。当敏感元件绕与驻波平面正交的敏感轴旋转时,科里奥利效应使驻波沿边缘移动。从而导致在波节点处能够检测到振动,该次振动与外部角速率有关。尽管传统的 HRG 具有很高的性能,但由于完美半球谐振子制造的复杂性和高成本,阻碍了其包括在民用领域的大规模应用。为了降低成本并减少性能下降,下面将介绍几种简化设计。例如,可以用薄圆柱体(图1.14)或环形(图1.15)来取代半球形壳体。而这些设计都旨在为圆形连续介质提供振动激励和检测振动的能力。

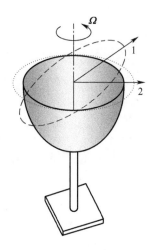

图 1.13 半球形 CVG

(虚线:主运动,点虚线:次运动)

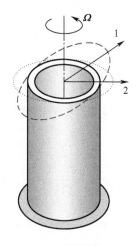

图 1.14 薄圆柱体 CVG

(虚线:主运动,点虚线:次运动)

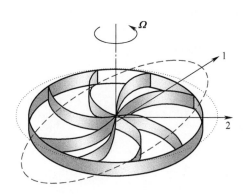

图 1.15 环形 CVG

(虚线:主运动,点虚线:次运动)

另一种环形设计方案适用于微加工,具有小型化潜力。但是这种简化方案的主要缺点是谐振器存在缺陷,高阻尼以及非由外角速率引起的次振动大大降低了这些陀螺仪的性能。而在一些要求不高的场合,上述谐振器仍能够占据一席之地。

  现代 CVG 的主要区别在于质量块本身以及弹性支撑的设计,而并非其工作原理或是数学模型,这种差异几乎完全来自制造工艺的特点。因此,本书后文提出的数学模型和设计方法,可以直接应用到所有 CVG 的分析当中。对于连续介质传感器,只要采用集总质量数学表示,其计算结果仍具有实用价值。

第 2 章
科里奥利振动陀螺仪的运动方程

对任何机械系统进行分析的第一步也是最重要的一步,就是推导它的运动方程。无论方程的解或是方程本身的形式,都可以经过分析实现各式各样的动力学分析和设计优化,然后应用于系统中。CVG 的中心机械部分是它的敏感元件。无论采用何种具体设计,敏感元件都必须提供至少两种形式的机械振动:主振动和一种或多种次振动。前者被有意地诱导到机械结构中,而后者是在敏感元件旋转时,由于科里奥利力的作用而被动产生的。

在本章中,我们将推导出所有的常用于设计的敏感元件的微分运动方程,然后将它们一般化以得到一套适用于不同 CVG 设计的方程。

2.1 平动敏感元件运动方程

平动敏感元件以平移运动为主振动和次振动。平动敏感元件通常也称为"LL"陀螺(线性主运动和线性次运动)。

图2.1为CVG平动敏感元件的结构示意图。广义范围上,敏感元件由等效质量(m_2)、解耦框架(m_1)和两套弹性元件(弹簧),将质量块彼此相连并连接到底座。除此之外,还引入右手正交归一化参考系$OXYZ$,其中主振动沿Y轴激发,然后次振动沿X轴产生,第三轴Z轴视为敏感轴。后者意味着在理想情况下,围绕该轴的外部旋转将被敏

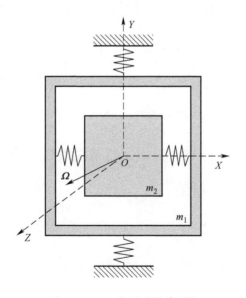

图2.1　CVG的平动敏感元件

感元件感知并测量。

设解耦坐标系的位置 X_1 和等效质量在参照系 $OXYZ$ 中的位置 X_2 为

$$\begin{cases} X_1 = \{0, x_1, 0\} \\ X_2 = \{x_2, x_1, 0\} \end{cases} \tag{2.1}$$

式中　x_1——解耦框架相对于固定基座的位移；

x_2——等效质量相对于解耦框架的位移；

下标1和2——敏感元件的主振动和次振动，不应与轴数混淆。

为了具有通用性，我们假设敏感元件的旋转为任意角速率矢量在上述参考系上的投影 $\boldsymbol{\Omega} = \{\Omega_x, \Omega_y, \Omega_z\}$。

为了推导敏感元件的运动方程，我们使用拉格朗日方程，形式如下：

$$\frac{\mathrm{d}}{\mathrm{d}t}\left(\frac{\partial L}{\partial \dot{x}_i}\right) - \frac{\partial L}{\partial x_i} = Q_i \tag{2.2}$$

式中　L——拉格朗日函数，$L = E_k - E_p$；

E_k、E_p——敏感元件的总动能和势能；

Q_i——作用在敏感元件上的广义力，下标 i 的范围为1（主运动）到所考虑的次运动数。

因此，要使用拉格朗日方程(2.2)，必须得到合适的敏感元件动能和势能表达式。

在一般的情况下,运动质点 m 的动能为

$$E_k = \frac{m}{2}(\boldsymbol{V} \cdot \boldsymbol{V}) \tag{2.3}$$

式中　$\boldsymbol{V}$——绝对速度矢量,可以用质点位置 $\boldsymbol{X}$ 表示,并且参考系坐标旋转角速率 $\boldsymbol{\Omega}$ 为

$$\boldsymbol{V} = \dot{\boldsymbol{X}} = \frac{\tilde{\mathrm{d}}}{\mathrm{d}t}\boldsymbol{X} + \boldsymbol{\Omega} \times \boldsymbol{X} \tag{2.4}$$

式中　$\dfrac{\tilde{\mathrm{d}}}{\mathrm{d}t}\boldsymbol{X} = \{\dot{X}_x, \dot{X}_y, \dot{X}_z\}$ ——矢量 $\boldsymbol{X}$ 在旋转框架内的局部导数。

解耦框架和等效质量位置(2.1)的速度矢量由式(2.4)计算得

$$\begin{cases} \boldsymbol{V}_1 = \{-x_1\boldsymbol{\Omega}_z, \dot{x}_1, x_1\boldsymbol{\Omega}_x\} \\ \boldsymbol{V}_2 = \{-x_1\boldsymbol{\Omega}_z + \dot{x}_2, x_2\boldsymbol{\Omega}_z + \dot{x}_1, x_1\boldsymbol{\Omega}_x - x_2\boldsymbol{\Omega}_y\} \end{cases} \tag{2.5}$$

对应式(2.5),主运动和次运动的动能分别为

$$\begin{cases} E_{k_1} = \dfrac{m_1}{2}[\dot{x}_1^2 + x_1^2(\boldsymbol{\Omega}_x^2 + \boldsymbol{\Omega}_z^2)] \\ E_{k_2} = \dfrac{m_2}{2}[(\dot{x}_1 + x_2\boldsymbol{\Omega}_z)^2 + (\dot{x}_2 - x_1\boldsymbol{\Omega}_z)^2 + (x_1\boldsymbol{\Omega}_x - x_2\boldsymbol{\Omega}_y)^2] \\ E_k = E_{k_1} + E_{k_2} \end{cases}$$

$$\tag{2.6}$$

这里 E_k 是 CVG 敏感元件的总动能,表示解耦框架和等效质量各自动能的和。

拉格朗日函数的第二项为敏感元件弹性支撑中弹簧的总势能：

$$E_p = \frac{k_1}{2}x_1^2 + \frac{k_2}{2}x_2^2 \qquad (2.7)$$

式中　k_1——弹性支撑沿 Y 轴（主运动）的总刚度；

k_2——弹性支撑沿 X 轴（次运动）的总刚度。

将式(2.6)和式(2.7)代入拉格朗日函数中，利用拉格朗日方程式(2.2)的结果，得到描述 CVG 敏感元件运动的两个微分方程：

$$\begin{cases} (m_1 + m_2)\ddot{x}_1 + [k_1 - (m_1 + m_2)(\Omega_x^2 + \Omega_z^2)]x_1 + \\ m_2[(\Omega_x\Omega_y + \dot{\Omega}_z)x_2 + 2\Omega_z\dot{x}_2] = Q_1 \\ m_2\ddot{x}_2 + [k_2 - m_2(\Omega_y^2 + \Omega_z^2)]x_2 + \\ m_2[-2\Omega_z\dot{x}_1 + (\Omega_x\Omega_y - \dot{\Omega}_z)x_1] = Q_2 \end{cases}$$

现在可以将两个方程分别除以相应的高阶导数项系数（第一个方程除以 $m_1 + m_2$，第二个方程除以 m_2），结果为

$$\begin{cases} \ddot{x}_1 + (\omega_1^2 - \Omega_x^2 - \Omega_z^2)x_1 + 2d\Omega_z\dot{x}_2 + d(\Omega_x\Omega_y + \dot{\Omega}_z)x_2 = q_1 \\ \ddot{x}_2 + (\omega_2^2 - \Omega_y^2 - \Omega_z^2)x_2 - 2\Omega_z\dot{x}_1 + (\Omega_x\Omega_y - \dot{\Omega}_z)x_1 = q_2 \end{cases}$$

$$(2.8)$$

式中　$\omega_1^2 = k_1/(m_1 + m_2)$，$\omega_2^2 = k_2/m_2$——运动和次运动固有频率的平方；

$d = m_2/(m_1 + m_2)$——无量纲惯性不对称系数;

$q_1 = Q_1/(m_1 + m_2)$，$q_2 = Q_2/m_2$——作用于各自轴向的不同外力引起的广义加速度。

方程(2.8)普适化地描述了平动敏感元件 CVG 的运动。应当注意,如果简单地假设解耦坐标系的质量为 0 ($m_1 = 0$)且 $d = 1$,就会得到无解耦框架的单质量 CVG 的运动方程,例如一个振动梁的方程表达式。

最后,通过添加阻尼力项,完成式(2.8)得到平动敏感元运动方程:

$$\begin{cases} \ddot{x}_1 + 2\zeta_1\omega_1\dot{x}_1 + (\omega_1^2 - \Omega_x^2 - \Omega_z^2)x_1 + 2d\Omega_z\dot{x}_2 + d(\Omega_x\Omega_y + \dot{\Omega}_z)x_2 = q_1 \\ \ddot{x}_2 + 2\zeta_2\omega_2\dot{x}_2 + (\omega_2^2 - \Omega_y^2 - \Omega_z^2)x_2 - 2\Omega_z\dot{x}_1 + (\Omega_x\Omega_y - \dot{\Omega}_z)x_1 = q_2 \end{cases}$$

(2.9)

式中　ζ_1、ζ_2——与敏感元件的主、次运动对应的无量纲阻尼因子。

式(2.9)包含了角速率矢量 $\boldsymbol{\Omega}$ 的所有分量,但只有 Ω_z 分量是作为一阶角速率项出现的,并因此能够被平动 CVG 所测量。假设外界输入角速率与 Z 轴重合,也就是 $\boldsymbol{\Omega} = \{0, 0, \Omega\}$,之后运动方程就可以化简为

$$\begin{cases} \ddot{x}_1 + 2\zeta_1\omega_1\dot{x}_1 + (\omega_1^2 - \Omega^2)x_1 = q_1 - 2d\Omega\dot{x}_2 - d\dot{\Omega}x_2 \\ \ddot{x}_2 + 2\zeta_2\omega_2\dot{x}_2 + (\omega_2^2 - \Omega^2)x_2 = q_2 + 2\Omega\dot{x}_1 + \dot{\Omega}x_1 \end{cases}$$

(2.10)

再来关注式(2.10),可以看出,在理想的情况下,解耦框架和等效质量之间没有交叉耦合,系统中的主振动和次振动也仅通过外界输入角速率 Ω 耦合。这意味着由于没有任何多余的力沿广义坐标 x_2 作用于等效质量($q_2 = 0$),在该方向上,所有的受迫位移均由外界角速率引起。同时,式(2.10)中的角速率项是未知的,且在正常情况下会随时间变化。这意味着,即使获得的敏感元件运动方程组是线性的,但其中包含未知的时间相关系数。因此对其求出解析解是一项相当复杂的工作。从另一方面来说,如果只为了分析 CVG 的动力学特性并优化其性能,我们并不需要为了得到敏感元件的位移 x 和 x_2 而对方程进行求解。

2.2 旋转敏感元件运动方程

与平动敏感元件相反,旋转敏感元件的设计利用了主振动和次振动的旋转。由于这个特点,它通常被称为旋转主运动和旋转次运动(RR-gyro)。

与平动敏感元件相比较,如图2.2展示了旋转 CVG 敏感元件的运动方式。

由转动的弹性扭力代替线性(平移)弹簧,此时广义坐标代表角度而不是平移位移。图2.2中 α_1 对应基座与解耦框架的夹角,α_2 对应

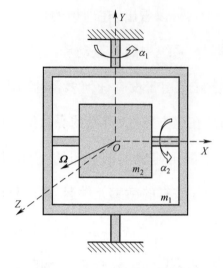

图 2.2 CVG 的旋转敏感元件

解耦框架与等效质量单元间的夹角。这些角一般叫作欧拉角。每次旋转(主运动或次运动)后参考系坐标轴的变换方式如图 2.3 所示。

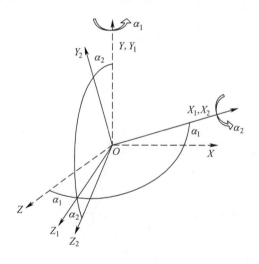

图 2.3 主运动或次运动引起的轴变换

图 2.2 中参考系 $OX_1Y_1Z_1$ 是参考坐标系 $OXYZ$ 绕 Y 旋转角 α_1 的

结果。同理,参考系 $OX_2Y_2Z_2$ 是坐标系 $OX_1Y_1Z_1$ 旋转角 α_2 的结果,且该参考系固定在等效质量单元上。

为了推导出旋转 CVG 敏感元件的运动方程,我们从恰当的动能和势能表达式开始。

与前面的情况不同,现在的运动方式为转动,其动能表达式中的速度要用角速率代替,质量用转动惯量代替:

$$E_k = \frac{I}{2}\boldsymbol{\Omega}^2 \tag{2.11}$$

式中 I——旋转元件绕轴的转动惯量,它与角速率矢量 $\boldsymbol{\Omega}$ 的方向一致。

显然这种情况比 CVG 敏感元件的平动运动要复杂一些,因为在不同的参考系中,适当的转动惯量被应用于不同角速率的分量。

开始,外部角速率矢量是由它在参考系 $OXYZ$ 中的组成部分 $\boldsymbol{\Omega} = \{\boldsymbol{\Omega}_x, \boldsymbol{\Omega}_y, \boldsymbol{\Omega}_z\}$ 定义的,将其分量转换至参考系 $OX_1Y_1Z_1$,固定于解耦框架上,可由式(2.12)表示:

$$\begin{cases} \boldsymbol{\Omega}_{x1} = \boldsymbol{\Omega}_x \cos\alpha_1 - \boldsymbol{\Omega}_z \sin\alpha_1 \\ \boldsymbol{\Omega}_{y1} = \boldsymbol{\Omega}_y + \dot{\alpha}_1 \\ \boldsymbol{\Omega}_{z1} = \boldsymbol{\Omega}_x \sin\alpha_1 + \boldsymbol{\Omega}_z \cos\alpha_1 \end{cases} \tag{2.12}$$

进一步将角速率转换至参考系 $OX_2Y_2Z_2$,用类似的方法分配给等效质量元件:

$$\begin{cases} \Omega_{x2} = \Omega_{x1} + \dot{\alpha}_2 \\ \Omega_{y2} = \Omega_{y1}\cos\alpha_2 + \Omega_{z1}\sin\alpha_2 \\ \Omega_{z2} = -\Omega_{y1}\sin\alpha_2 + \Omega_{z1}\cos\alpha_2 \end{cases} \quad (2.13)$$

然后，动能式(2.11)可以用不同的角速率分量式(2.12)和式(2.13)表示为

$$E_k = \frac{1}{2}(I_{1x}\Omega_{x1}^2 + I_{1y}\Omega_{y1}^2 + I_{1z}\Omega_{z1}^2 + I_{2x}\Omega_{x2}^2 + I_{2y}\Omega_{y2}^2 + I_{2z}\Omega_{z2}^2)$$

$$(2.14)$$

式中　I_{ix}、I_{iy}、I_{iz}——第 i 个单元（$i=1$ 对应解耦框架，$i=2$ 对应等效质量元件）绕相应参照系各轴的转动惯量。

敏感元件的势能与平动运动中类似，只是用力矩代替了弹簧的角刚度：

$$E_p = \frac{k_1}{2}\alpha_1^2 + \frac{k_2}{2}\alpha_2^2 \quad (2.15)$$

式中　k_i——弹性支撑的角弹簧系数。

将所得到的动能表达式(2.14)和势能表达式(2.15)代入拉格朗日方程(2.2)中，所得到的方程相当复杂以致无法进行分析。此外由于其中存在广义变量 α_1 和 α_2 的正余弦函数，该方程是非线性的。

考虑到弹性支撑通常情况下不会产生大角度的偏转，我们可以假设角度 α_1 和 α_2 均很小，因此可以利用泰勒级数展开。对得到的运动方程进行线性化，角度方程线性化之后如下：

$$\begin{cases}
(I_{1y}+I_{2y})(\ddot{\alpha}_1+\dot{\Omega}_y)+[k_1+(I_{1x}-I_{1z}+I_{2x}-I_{2z})(\Omega_x^2-\Omega_z^2)]\alpha_1+\\
(I_{2x}+I_{2y}-I_{2z})\Omega_z\dot{\alpha}_2-(I_{2y}-I_{2z})(\Omega_x\Omega_y-\dot{\Omega}_z)\alpha_2+\\
(I_{1x}-I_{1z}+I_{2x}-I_{2z})\Omega_x\Omega_z=Q_1\\
I_{2x}(\ddot{\alpha}_2+\dot{\Omega}_x)+[k_2+(I_{2y}-I_{2z})(\Omega_y^2-\Omega_z^2)]\alpha_2-\\
(I_{2x}+I_{2y}-I_{2z})\Omega_z\dot{\alpha}_1+(I_{2y}-I_{2z})\Omega_x\Omega_y\alpha_1-I_{2x}\dot{\Omega}_z\alpha_1-\\
(I_{2y}-I_{2z})\Omega_y\Omega_z=Q_2
\end{cases}$$

(2.16)

式中 Q_1、Q_2——主运动和次运动的广义力矩。

对方程两边同时除以对应的最高阶导数系数:

$$\begin{cases}
\ddot{\alpha}_1+\dot{\Omega}_y+\left[\dfrac{k_1}{I_{1y}+I_{2y}}+\dfrac{I_{1x}-I_{1z}+I_{2x}-I_{2z}}{I_{1y}+I_{2y}}(\Omega_x^2-\Omega_z^2)\right]\alpha_1+\\
\dfrac{I_{2x}+I_{2y}-I_{2z}}{I_{1y}+I_{2y}}\Omega_z\dot{\alpha}_2-\dfrac{I_{2y}-I_{2z}}{I_{1y}+I_{2y}}(\Omega_x\Omega_y-\dot{\Omega}_z)\alpha_2+\\
\dfrac{I_{1x}-I_{1z}+I_{2x}-I_{2z}}{I_{1y}+I_{2y}}\Omega_x\Omega_z=\dfrac{Q_1}{I_{1y}+I_{2y}}\\
\ddot{\alpha}_2+\dot{\Omega}_x+\left[\dfrac{k_2}{I_{2x}}+\dfrac{I_{2y}-I_{2z}}{I_{2x}}(\Omega_y^2-\Omega_z^2)\right]\alpha_2-\\
\dfrac{I_{2x}+I_{2y}-I_{2z}}{I_{2x}}\Omega_z\dot{\alpha}_1+\dfrac{I_{2y}-I_{2z}}{I_{2x}}\Omega_x\Omega_y\alpha_1-\dot{\Omega}_z\alpha_1-\\
\dfrac{I_{2y}-I_{2z}}{I_{2x}}\Omega_y\Omega_z=\dfrac{Q_2}{I_{2x}}
\end{cases}$$

(2.17)

为了简化式(2.17),引入以下新变量:

$q_1 = \boldsymbol{Q}_1/(I_{1y} + I_{2y})$,$q_2 = \boldsymbol{Q}_2/I_{2x}$ 是相应外部扭矩导致的广义角加速度;

$\omega_1^2 = k_1/(I_{1y} + I_{2y})$ 和 $\omega_2^2 = k_2/I_{2x}$ 是主运动和次运动的固有频率的平方;

$g_1 = (I_{2x} + I_{2y} - I_{2z})/(I_{1y} + I_{2y})$ 和 $g_2 = (I_{2x} + I_{2y} - I_{2z})/I_{2x}$ 是陀螺科里奥利系数;

$d_1 = (I_{1x} - I_{1z} + I_{2x} - I_{2z})/(I_{1y} + I_{2y})$,$d_2 = (I_{2y} - I_{2z})/I_{2x}$,$d_3 = (I_{2y} - I_{2z})/(I_{1y} + I_{2y})$ 是可以与陀螺科里奥利系数一起视为敏感元件设计参数的系数。

利用上述系数,可将式(2.17)重写为

$$\begin{cases} \ddot{\alpha}_1 + 2\zeta_1\omega_1\dot{\alpha}_1 + [\omega_1^2 + d_1(\boldsymbol{\Omega}_x^2 - \boldsymbol{\Omega}_z^2)]\alpha_1 + g_1\boldsymbol{\Omega}_z\dot{\alpha}_2 - \\ d_3(\boldsymbol{\Omega}_x\boldsymbol{\Omega}_y - \dot{\boldsymbol{\Omega}}_z)\alpha_2 + d_1\boldsymbol{\Omega}_x\boldsymbol{\Omega}_z + \dot{\boldsymbol{\Omega}}_y = q_1 \\ \ddot{\alpha}_2 + 2\zeta_2\omega_2\dot{\alpha}_2 + [\omega_2^2 + d_2(\boldsymbol{\Omega}_y^2 - \boldsymbol{\Omega}_z^2)]\alpha_2 - g_2\boldsymbol{\Omega}_z\dot{\alpha}_1 + \\ d_2\boldsymbol{\Omega}_x\boldsymbol{\Omega}_y\alpha_1 - \dot{\boldsymbol{\Omega}}_z\alpha_1 - d_2\boldsymbol{\Omega}_y\boldsymbol{\Omega}_z + \dot{\boldsymbol{\Omega}}_x = q_2 \end{cases} \quad (2.18)$$

其中,阻尼部分还加入了无量纲阻尼因子 ζ_1 和 ζ_2。最后,与平动 CVG 敏感元件类似,假设外部角速率方向与 Z 轴重合(如 $\boldsymbol{\Omega} = \{0,0,\boldsymbol{\Omega}\}$)。此时式(2.18)可化简为

$$\begin{cases} \ddot{\alpha}_1 + 2\zeta_1\omega_1\dot{\alpha}_1 + (\omega_1^2 - d_1\Omega^2)\alpha_1 = q_1 - g_1\Omega\dot{\alpha}_2 - d_3\dot{\Omega}\alpha_2 \\ \ddot{\alpha}_2 + 2\zeta_2\omega_2\dot{\alpha}_2 + (\omega_2^2 - d_2\Omega^2)\alpha_2 = q_2 + g_2\Omega\dot{\alpha}_1 + \dot{\Omega}\alpha_1 \end{cases}$$

(2.19)

式(2.19)中的旋转CVG敏感元件运动方程与平动CVG敏感元件运动方程式(2.10)的结果相同。唯一的区别在于广义坐标的系数和意义,广义坐标既可以描述平移运动,也可以描述旋转运动。这个结论可以使两种CVG敏感元件的运动方程具有一致性,并且能够统一分析两种类型的设计方案。

2.3 音叉敏感元件运动方程

我们利用旋转或平动的主、次运动模式,推导出了CVG敏感元件的运动方程。现在让我们将目光转移到一种使用平动和转动组合运动方式的CVG设计工作上,这种CVG叫作"音叉"CVG。音叉敏感元件的运动学设计图如图2.4所示。

音叉敏感元件由两个相同的等效质量 m_1 和 m_2 组成,且二者通过线性弹簧与一般坐标系 m_3 相连, m_3 通过弹性扭转方式连接在基座上。等效质量能够沿着Y轴振动,当敏感元件绕Z轴发生旋转时,由于科里奥利力的作用,整个敏感元件就会开始绕Z轴转动(α角)。简便起

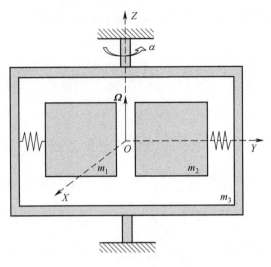

图 2.4 音叉敏感元件

见,同样假定外部角速率的方向与 Z 轴相同,即 $\boldsymbol{\Omega} = \{0,0,\boldsymbol{\Omega}\}$。等效质量在固定于一般坐标系上的参照系中的位置由以下两个向量表示:

$$\begin{cases} \boldsymbol{X}_1 = \{0, -r + y_1, 0\} \\ \boldsymbol{X}_2 = \{0, r + y_2, 0\} \end{cases} \quad (2.20)$$

式中 r——等效质量不运动时,Z 轴到等效质量中心的距离,该运动由位移 y_1 和 y_2 表示。

框架旋转的总角速率为

$$\boldsymbol{\Omega}_3 = \{0, 0, \boldsymbol{\Omega} + \dot{\alpha}\} \quad (2.21)$$

对应式(2.20)的速度矢量为

$$\begin{cases} \boldsymbol{V}_1 = \{(r - y_1)(\boldsymbol{\Omega} + \dot{\alpha}), \dot{y}_1, 0\} \\ \boldsymbol{V}_2 = \{-(r + y_2)(\boldsymbol{\Omega} + \dot{\alpha}), \dot{y}_2, 0\} \end{cases} \quad (2.22)$$

使用式(2.3)中的速度式(2.22)以及式(2.11)中的角速率式(2.21)(旋转运动)获得的敏感元件的总动能为

$$E_k = \frac{m_1}{2}[(r-y_1)^2(\boldsymbol{\Omega}+\dot{\alpha})^2 + \dot{y}_1^2] +$$

$$\frac{m_2}{2}[(r+y_2)^2(\boldsymbol{\Omega}+\dot{\alpha})^2 + \dot{y}_2^2] + \frac{I_{3z}}{2}(\boldsymbol{\Omega}+\dot{\alpha})^2$$

(2.23)

其中 I_{3z} 是一般坐标系绕 Z 轴的转动惯量,且弹性支撑的势能为

$$E_p = \frac{k_1}{2}y_1^2 + \frac{k_2}{2}y_2^2 + \frac{k_3}{2}\alpha^2 \qquad (2.24)$$

最后,将式(2.23)和式(2.24)代入拉格朗日方程(2.2),可得音叉灵敏元件运动方程为

$$\begin{cases} m_1\ddot{y}_1 + (k_1 - m_1\boldsymbol{\Omega}^2)y_1 + 2m_1r\boldsymbol{\Omega}\dot{\alpha} + m_1r\dot{\boldsymbol{\Omega}} = Q_1 \\ m_2\ddot{y}_2 + (k_2 - m_2\boldsymbol{\Omega}^2)y_2 - 2m_2r\boldsymbol{\Omega}\dot{\alpha} - m_2r\dot{\boldsymbol{\Omega}} = Q_2 \\ I_z\ddot{\alpha} + k_3\alpha - 2r(m_1\dot{y}_1 - m_2\dot{y}_2)\boldsymbol{\Omega} - 2r(m_1y_1 - m_2y_2)\dot{\boldsymbol{\Omega}} + I_z\dot{\boldsymbol{\Omega}} = Q_3 \end{cases}$$

(2.25)

式中 $I_z = I_{3z} + (m_1+m_2)r^2$ ——敏感元件绕 Z 轴的总转动惯量;

Q_i ——平动变量的广义力和旋转变量的转矩。

还应注意运动方程(2.25)为由式(2.2)得到的原始方程的线性

部分。

在方程两边同时除以相应的最高阶导数系数,并加上阻尼项:

$$\begin{cases} \ddot{y}_1 + (\omega_1^2 - \Omega^2)y_1 + 2r\Omega\dot{\alpha} + r\Omega^2 = q_1 \\ \ddot{y}_2 + (\omega_2^2 - \Omega^2)y_2 - 2r\Omega\dot{\alpha} - r\Omega^2 = q_2 \\ \ddot{\alpha} + \omega_3^2\alpha - 2\frac{r}{I_z}(m_1\dot{y}_1 - m_2\dot{y}_2)\Omega - 2\frac{r}{I_z}(m_1 y_1 - m_2 y_2)\dot{\Omega} + \dot{\Omega} = q_3 \end{cases}$$

(2.26)

式中 $\omega_1^2 = k_1/m_1$, $\omega_2^2 = k_2/m_2$, $\omega_3^2 = k_3/I_z$——相应运动的固有频率的平方;

$\omega_1^2 = k_1/m_1$, $\omega_2^2 = k_2/m_2$, $\omega_3^2 = k_3/I_z$——外力作用在敏感元件相应元件上的加速度。

如果引入新的变量 $y = y_1 - y_2$,并且假设等效质量及其弹性支撑相同($m_1 = m_2 = m, k_1 = k_2 = k$),系统如式(2.26)可以继续简化,得到的音叉灵敏元件的运动方程为

$$\begin{cases} \ddot{y} + 2\zeta_y\omega_y\dot{y} + (\omega_y^2 - \Omega^2)y + 2r\Omega(2\dot{\alpha} + \Omega) - q_y \\ \ddot{\alpha} + 2\zeta_3\omega_3\dot{\alpha} + \omega_3^2\alpha - 2m\frac{r}{I_z}(\Omega\dot{y} + y\dot{\Omega}) + \dot{\Omega} = q_3 \end{cases}$$

(2.27)

式中 $q_y = q_1 - q_2$, $\omega_y^2 = k/m$, ζ_y、ζ_3——附加阻尼项的无量纲阻尼因子。

对运动方程(2.27)的分析表明,如果使等效质量的振动相位相

反,那么敏感元件的角运动就会依赖外部角速率,并且能够对其进行测量。

2.4 环形敏感元件运动方程

虽然前面的设计均通过设计集中质量来敏感科里奥利加速度,但除此之外,分布式质量 CVG 同样能够用到,并在许多应用场景中都表现出了优异的性能。环形 CVG 敏感元件作为分布式质量设计的一个例子,如图 2.5 所示。

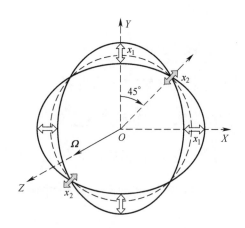

图 2.5 环形 CVG 敏感元件

驱动环形敏感元件沿 X 轴和 Y 轴产生振动(环主位移 x_1)。这些振动也可以看作环中激发的驻波。驻波共有 4 个波节点,当没有外部旋转作用到敏感元件上时,此时环位移为零,这些节点位于 X 轴和 Y 轴之间的 45°处。

当敏感元件绕 Z 轴旋转时,由于科里奥利力的作用,主波开始绕环移动。此时次振动(环位移 x_2)在波节点上产生,因此能够实现对外部角速率 Ω 的测量。

尽管环形敏感元件中没有集总质量表示,但其运动方程能够以主位移 x_1 和次位移 x_2 表示,所以仍然可以写成集总形式:

$$\begin{cases} \ddot{x}_1 + 2\zeta\omega\dot{x}_1 + (\omega^2 - \Omega^2)x_1 = q_1 - 2c\Omega\dot{x}_2 - c\dot{\Omega}x_2 \\ \ddot{x}_2 + 2\zeta\omega\dot{x}_2 + (\omega^2 - \Omega^2)x_2 = q_2 + 2c\Omega\dot{x}_1 + c\dot{\Omega}x_1 \end{cases} \quad (2.28)$$

式中　　ω ——环的固有频率;

ζ ——无量纲阻尼因子;

Ω ——外部角速率在 Z 轴方向的投影;

c ——陀螺的耦合因子(布莱恩系数);

q_1、q_2 ——外力作用于主位移和次位移的有效加速度。

显然,在不存在解耦框架的情况下,运动方程(2.28)与平动敏感元的运动方程非常相似。

2.5　广义运动方程

上述分析的所有敏感元件的运动方程看起来非常相似并非巧合,

因为它们都是基于相同的原理——科里奥利加速度测量振动结构。写出适用于所有设计方案的 CVG 敏感元件运动方程：

$$\begin{cases} \ddot{x}_1 + 2\zeta_1\omega_1\dot{x}_1 + (\omega_1^2 - d_1\Omega^2)x_1 = q_1 - g_1\Omega\dot{x}_2 - d_3\dot{\Omega}x_2, \\ \ddot{x}_2 + 2\zeta_2\omega_2\dot{x}_2 + (\omega_2^2 - d_2\Omega^2)x_2 = q_2 + g_2\Omega\dot{x}_1 + d_4\dot{\Omega}x_1. \end{cases} \quad (2.29)$$

式中　　x_1、x_2——敏感元件主运动和次运动的广义位移，无论该运动模式为平动还是旋转；

　　　　ω_1、ω_2——谐振频率；

　　　　ζ_1、ζ_2——与主、次运动相应的阻尼因子；

　　　　q_1、q_2——外力或力矩引起的加速度（平动或旋转）；

　　　　Ω——外部输入角速率，与主运动和次运动正交。

其余系数为敏感元件设计参数的函数，如表 2.1 所列。

能注意到，为了使音叉运动方程式（2.27）与一般形式方程式（2.29）匹配，要移除一些限制条件。但是其对结果造成的影响一般是可以被忽略的，或者可以通过次运动的解调消除，一般形式方程仍旧适用于音叉敏感元件的分析工作。

关注广义方程的最简化形式，当外部角速率 Ω 相较于固有频率很小且缓慢变化，即 $\Omega^2 \approx 0$，Ω 为常值且 $\dot{\Omega} \approx 0$ 时，就得到 CVG 运动方程最常见的形式：

$$\begin{cases} \ddot{x}_1 + 2\zeta_1\omega_1\dot{x}_1 + \omega_1^2 x_1 = q_1 - g_1\mathbf{\Omega}\dot{x}_2 \\ \ddot{x}_2 + 2\zeta_2\omega_2\dot{x}_2 + \omega_2^2 x_2 = q_2 + g_2\mathbf{\Omega}\dot{x}_1 \end{cases} \quad (2.30)$$

表 2.1 与设计方案相关的广义方程系数

设计方案	梁	"LL"陀螺仪	"RR"陀螺仪	音叉	环形
g_1	2	$\dfrac{2m_2}{m_1+m_2}$	$\dfrac{I_{2x}+I_{2y}-I_{2z}}{I_{1y}+I_{2y}}$	$4r$	$2c$
g_2	2	2	$\dfrac{I_{2x}+I_{2y}-I_{2z}}{I_{2x}}$	$\dfrac{2mr}{I_z}$	$2c$
d_1	1	1	$\dfrac{I_{2x}-I_{1z}+I_{2x}-I_{2z}}{I_{1y}+I_{2y}}$	1	1
d_2	1	1	$\dfrac{I_{2y}-I_{2z}}{I_{2x}}$	0	1
d_3	1	$\dfrac{m_2}{m_1+m_2}$	$\dfrac{I_{2y}-I_{2z}}{I_{1y}+I_{2y}}$	0	c
d_4	1	1	1	$\dfrac{2mr}{I_z}$	c

这里只有科里奥利项存在。尽管系统式(2.30)已经足够描述CVG的工作原理,但我们将使用式(2.29)来分析敏感元件的运动,并设计信号处理和控制算法。综上所述,任何由式(2.29)计算得到的结果,都适用于上面讨论的每种CVG的分析及设计工作。

2.6 小　　结

在本章中,推导了科里奥利振动陀螺仪的广义运动方程,能够适用于不同的 CVG 设计,分析其运动并优化其设计。显然,表 2.1 中的设计参数并不全面。然而上述任何敏感元件设计,都可以利用拉格朗日方法推导出运动方程,然后将其特征项与式(2.29)中的对应项匹配。若能够确定表 2.1 中的条目,得到的所有结果和方法都可以用于 CVG 的具体设计工作。

第 3 章
敏感元件动力学

第 2 章建立了 CVG 谐振子运动方程,接下来求取方程的解。如前所述,角速率信息是方程中的一个未知且可变的系数,因此难以在主振动和次振动坐标系中对方程进行精确的分析。另外,基于合理假设及谐振子振动幅值和相位等有用信息,仍然可以对陀螺振动方程进行理论分析。

本章分析了敏感元件分别在固定和旋转基座上的动力学方程及谐振子运动轨迹,获得了谐振子主振动和次振动方向的振幅及相位变化信息,并且在最后详细地对 CVG 动力学进行了数值仿真分析。

3.1 敏感元件的主振动分析

科里奥利振动陀螺仪可以通过振型变化来感知外界的角速率。实际上,二阶振动模态由外部角速率输入下主振动进动引起,可以由广义运动式(2.29)描述。其中,第一个方程表示由系统激励引起的主振动,并通过科里奥利力耦合引起波节轴次振动,可由第二个运动方程描述,且科里奥利力项与外角速率线性相关。

如果外界输入角速率为零($\Omega = 0$),则主振动和次振动没有耦合效应,运动方程如下:

$$\begin{cases} \ddot{x}_1 + 2\zeta_1\omega_1\dot{x}_1 + \omega_1^2 x_1 = q_{10}\sin(\omega t) \\ \ddot{x}_2 + 2\zeta_2\omega_2\dot{x}_2 + \omega_2^2 x_2 = 0 \end{cases} \quad (3.1)$$

式中 q_{10} ——激励系统的控制力振幅;

ω ——激励频率。

由式(3.1)可知,没有外力作用于次振动若没有外部输入角速率的影响,则不会激发次振动,因此只需求解第一个运动方程。

式(3.1)的解为

$$\begin{cases} x_1(t) = C_1 e^{-\zeta_1 t}\sin(t\omega_1\sqrt{1-\zeta_1^2} + \varphi_1) + \\ \qquad \dfrac{q_{10}}{\sqrt{(\omega_1^2 - \omega^2)^2 + 4\omega_1^2\zeta_1^2\omega^2}}\sin(\omega t + \gamma) \\ x_2(t) = 0 \end{cases} \quad (3.2)$$

其中主振动的相移 γ 由式(3.2)可得

$$\tan(\gamma) = -\frac{2\zeta_1\omega_1\omega}{\omega_1^2 - \omega^2}$$

其中,常数 C_1 和 φ_1 由初始条件确定。

式(3.2)表明,由于阻尼的作用,在自然振动消失后,CVG 谐振子会以固定大小振幅振动,其振幅大小与激励大小成正比(图 3.1)。同时,若等效质量保持静止,则传感器的输出信号保持为 0。

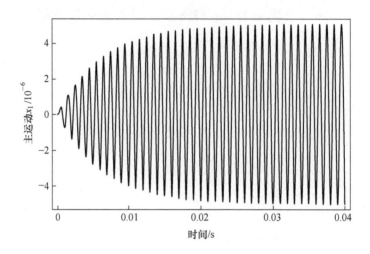

图 3.1 主振动波形($\omega_1 = 1000\text{Hz}, \zeta_2 = 0.025, \Omega = 0$)

此外,当谐振子保持恒定振幅的振动时,CVG 的启动时间由自然振动的过渡时间决定,有

$$A_{10} = \frac{q_{10}}{\sqrt{(\omega_1^2 - \omega^2)^2 + 4\omega_1^2 \zeta_1^2 \omega^2}} \quad (3.3)$$

谐振子的振动包含外部输入角速率信息,只有保持主振动振幅和频率均非常稳定,且其振幅尽可能大,才能对角速率信息进行高精度测量。

最常用的方法是利用谐振子的谐振频率对其进行激励,使其保持

共振状态,从而使主振动保持最大振幅,有

$$\omega = \omega_1 \sqrt{1 - 2\zeta^2} \tag{3.4}$$

当发生共振时,主振动振幅由式(3.3)变为

$$A_{10} = \frac{q_{10}}{2\zeta_1 \omega_1^2 \sqrt{1 - \zeta_1^2}} \tag{3.5}$$

式中 ω_1——谐振子的谐振频率。

此外式(3.5)表明,阻尼 ζ_1 越小时,主振动幅值越高。

3.2 动态下敏感元件运动学分析

3.1 节讨论了谐振子的主振动及激励方式,接下来分析谐振子的次振动。由式(3.2)可知,如果没有外界载体角速率的输入,那么次振动也不会被激发出来。

接下来保持 CVG 谐振子在恒定角速率旋转的情况下($\dot{\Omega}=0$)进行研究。运动方程(2.29)经简化后为

$$\begin{cases} \ddot{x}_1 + 2\zeta_1\omega_1\dot{x}_1 + (\omega_1^2 - d_1\Omega^2)x_1 = q_1 - g_1\Omega\dot{x}_2 \\ \ddot{x}_2 + 2\zeta_2\omega_2\dot{x}_2 + (\omega_2^2 - d_2\Omega^2)x_2 = q_2 + g_2\Omega\dot{x}_1 \end{cases} \tag{3.6}$$

与式(3.1)不同,式(3.6)系统方程中含有角速率交叉耦合项,并且是一个常系数微分方程。

如果没有其他力影响二阶次振动(即 $q_2 = 0$),其类似于一个无耦合的理想弹性支撑,次振动变化仅取决于角速率 Ω。

式(3.6)的受迫振动能实现对外界载体角速率的测量,且其自然解描述了振动的瞬态变化。

主振动通过简谐方式激励后,激励的加速变化可用以下复数形式表示:

$$q_1(t) = \text{Re}\{q_{10}e^{i\omega t}\} \tag{3.7}$$

式中　ω ——激励频率,并且假设相位为零。

接下来通过系统方程(3.6)的特解对谐振子等效质量的主振动和次振动的变化进行研究。

$$\begin{cases} x_1(t) = \text{Re}\{A_1 e^{i\omega t}\} \\ x_2(t) = \text{Re}\{A_2 e^{i\omega t}\} \end{cases} \tag{3.8}$$

以谐振频率对谐振子进动激励后,主振动和次振动的振幅 A_1 和 A_2 变化如下:

$$\begin{cases} A_1 = A_{10} e^{i\varphi_{10}} \\ A_2 = A_{20} e^{i\varphi_{20}} \end{cases} \tag{3.9}$$

式中　A_1、A_2、φ_1、φ_2——谐振子主振动和次振动的幅值和相位。

将式(3.8)代入式(3.6),系统振动的微分方程变为代数方程:

$$\begin{cases} (\omega_1^2 - d_1\Omega^2 - \omega^2 + 2\zeta_1\omega_1 i\omega)A_1 + g_1 i\omega\Omega A_2 = q_{10} \\ (\omega_2^2 - d_2\Omega^2 - \omega^2 + 2\zeta_2\omega_2 i\omega)A_2 - g_2 i\omega\Omega A_1 = 0 \end{cases} \tag{3.10}$$

方程(3.10)的复数解为

$$A_1 = \frac{q_{10}(\omega_2^2 - d_2\Omega^2 - \omega^2 + 2\zeta_2\omega_2 i\omega)}{\Delta}$$

$$A_2 = \frac{g_2 q_{10} i\omega}{\Delta}\Omega$$

$$\Delta = (\omega_1^2 - d_1\Omega^2 - \omega^2)(\omega_2^2 - d_2\Omega^2 - \omega^2) - (g_1 g_2 \omega^2\Omega^2 + 4\zeta_1\zeta_2\omega_1\omega_2\omega^2) +$$

$$2i\omega[\zeta_1\omega_1(\omega_2^2 - d_2\Omega^2 - \omega^2) + \zeta_2\omega_2(\omega_1^2 - d_1\Omega^2 - \omega^2)]$$

(3.11)

幅值的复数分析法不仅能够分析谐振子的振动位移变化,而且能对振动幅值和相位进行分析,并进一步修正了"平均法",从角速率传感器的角度来看,这样的更有意义。

由式(3.11)可知,二阶振动幅值近似于外界输入角速率的线性函数,式(3.11)中的幅值为复数形式,其虚部和实部转化如下:

$$A_{i0} = |A_i| = \sqrt{\mathrm{Re}^2\{A_i\} + \mathrm{Im}^2\{A_i\}}$$

$$\tan\varphi_{i0} = \frac{\mathrm{Im}\{A_i\}}{\mathrm{Re}\{A_i\}}$$

(3.12)

式中　$i = 1,2$——主振动和次振动的振幅和相位。

将(3.12)代入式(3.11),有

$$\begin{cases} A_{10} = \dfrac{q_{10}\sqrt{(\omega_2^2 - d_2\Omega^2 - \omega^2)^2 + 4\zeta_2^2\omega_2^2\omega^2}}{|\Delta|} \\ A_{20} = \dfrac{g_2 q_{10}\omega}{|\Delta|}\Omega \end{cases} \quad (3.13)$$

其中

$$|\Delta|^2 = [(\omega_1^2 - d_1\Omega^2 - \omega^2)(\omega_2^2 - d_2\Omega^2 - \omega^2) - \omega^2(g_1 g_2 \Omega^2 + 4\zeta_1\zeta_2\omega_1\omega_2)]^2 +$$

$$4\omega^2[\zeta_1\omega_1(\omega_2^2 - d_2\Omega^2 - \omega^2) + \zeta_2\omega_2(\omega_1^2 - d_1\Omega^2 - \omega^2)]^2$$

主振动和次振动的相位如下：

$$\begin{cases} \tan\phi_1 = \dfrac{2\omega[(\omega_2^2 - d_2\Omega^2 - \omega^2)b_1 + \omega_2\zeta_2 b_2]}{(\omega_2^2 - d_2\Omega^2 - \omega^2)b_2 - 4\omega_2\zeta_2\omega^2 b_1} \\ \tan\phi_2 = \dfrac{(\omega_1^2 - d_1\Omega^2 - \omega^2)(\omega_2^2 - d_2\Omega^2 - \omega^2) - \omega^2(4\zeta_1\zeta_2\omega_1\omega_2 + g_1 g_2\Omega^2)}{2\omega[\omega_1\zeta_1(\omega_2^2 - d_2\Omega^2 - \omega^2) + \omega_2\zeta_2(\omega_1^2 - d_1\Omega^2 - \omega^2)]} \end{cases}$$

$$(3.14)$$

其中

$$b_1 = \omega_1\zeta_1(\omega_2^2 - d_2\Omega^2 - \omega^2) + \omega_2\zeta_2(\omega_1^2 - d_1\Omega^2 - \omega^2)$$

$$b_2 = (\omega_1^2 - d_1\Omega^2 - \omega^2)(\omega_2^2 - d_2\Omega^2 - \omega^2) - \omega^2(4\zeta_1\zeta_2\omega_1\omega_2 + g_1 g_2\Omega^2)$$

由式(3.13)和式(3.14)，可以研究 CVG 敏感元件对外界载体角速率输入的响应以及如何高效率地对其进行测量。

次振动的振幅 A_{20}（或次振幅）是关于激励频率 ω 的函数，如图3.2所示。

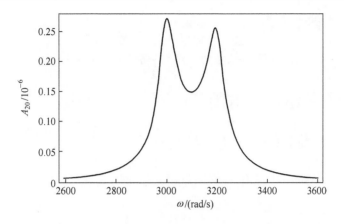

图 3.2 二阶振动振幅是激励频率 ω 的函数

($\omega_1 = 3000$,$\omega_2 = 3000$,$\xi_1 = \xi_2 = 0.01$,$\Omega = 1$)

当谐振子以固有频率振动时,对恒定的角速率响应会达到最大值,而且谐振子阻尼越小,次振动的振幅峰值就越大。

由式(3.13)和式(3.14),谐振子的固有频率、阻尼因数及相关系数 d_i 等参数会影响 CVG 振幅的稳定性。为了更直观地分析 CVG 谐振子的运动,引入新的变量:$k = \omega_1$ 是主振动的自然频率,$\delta k = \omega_2/\omega_1$ 为次振动的相对自然频率,$\delta\omega = \omega/k$ 表示相对激励频率,$\delta\Omega = \Omega/k$ 是相对角速率,其远小于主振动自然频率($\Omega \ll k, \delta\Omega \ll 1$),基于这些变量,式(3.13)中主振动和次振动的振幅表示如下:

$$\begin{cases} A_{10} = \dfrac{q_{10}k^2\sqrt{(\delta k^2 - d_2\delta\Omega^2 - \delta\omega^2)^2 + 4\zeta_2^2\delta k^2\delta\omega^2}}{|\Delta|} \\ A_{20} = \dfrac{g_2 q_{10}\delta\omega}{|\Delta|}\delta\Omega \end{cases} \quad (3.15)$$

其中,分母 Δ 的平方为

$$|\Delta|^2 = k^8[(1 - d_1\delta\Omega^2 - \delta\omega^2)(\delta k^2 - d_2\delta\Omega^2 - \delta\omega^2) - \delta\omega^2(g_1g_2\delta\Omega^2 + 4\zeta_1\zeta_2\delta k)]^2 +$$

$$4k^8\delta\omega^2[\zeta_1(\delta k^2 - d_2\delta\Omega^2 - \delta\omega^2) + \zeta_2\delta k(1 - d_1\delta\Omega^2 - \delta\omega^2)]^2$$

式(3.15)进一步简化,假设相对角速率 $\delta\Omega \ll 1$ 且 $\delta\Omega^2 \approx 0$ 则有

$$\begin{cases} A_{10} \approx \dfrac{q_{10}}{k^2\sqrt{(1-\delta\omega^2)^2 + 4\zeta_1^2\delta\omega^2}} \\ A_{20} \approx \dfrac{g_2 q_{10}\delta\omega}{k^2\sqrt{(\delta k^2 - \delta\omega^2)^2 + 4\zeta_2^2\delta k^2\delta\omega^2}\sqrt{(1-\delta\omega^2)^2 + 4\zeta_1^2\delta\omega^2}}\delta\Omega \\ \quad\;\; \approx \dfrac{g_2 A_{10}\delta\omega}{\sqrt{(\delta k^2 - \delta\omega^2)^2 + 4\zeta_2^2\delta k^2\delta\omega^2}}\delta\Omega \end{cases}$$

(3.16)

式(3.14)可以用谐振子相对参数表示。在相对角速率较小的情况下,有

$$\begin{cases} \tan\varphi_1 = \dfrac{2\delta\omega\zeta_1}{1 - \delta\omega} \\ \tan\varphi_2 = \dfrac{\delta k^2 - (1 + 4\zeta_1\zeta_2\delta k + \delta k^2)\delta\omega^2 + \delta\omega^4}{2\delta k\delta\omega(\zeta_2 + \zeta_1\delta k) - 2\delta\omega^3(\zeta_1 + \zeta_2\delta k)} \end{cases}$$

(3.17)

式(3.16)和式(3.17)利用无量纲参数分析在外界载体旋转的条

件下谐振子的运动变化。

运动方程分析需要对其特征方程进行分析,特征方程包含敏感元件的特征频率信息。基于微分算子 $s = \mathrm{d}/\mathrm{d}t$ 对式(3.6)进行转换,特征方程如下:

$$\begin{cases} s^2 x_1 + 2\zeta_1 \omega_1 s x_1 + (\omega_1^2 - d_1 \Omega^2) x_1 = q_1 - g_1 \Omega s x_2 \\ s^2 x_2 + 2\zeta_2 \omega_2 s x_2 + (\omega_2^2 - d_2 \Omega^2) x_2 = q_2 + g_2 \Omega s x_1 \end{cases} \quad (3.18)$$

将变换后的方程(3.18)改写为矩阵形式:

$$\boldsymbol{A} \cdot \begin{bmatrix} x_1 \\ x_2 \end{bmatrix} = \begin{bmatrix} q_1 \\ q_2 \end{bmatrix} \quad (3.19)$$

其中 $\boldsymbol{A}$ 由(3.18)定义:

$$\boldsymbol{A} = \begin{bmatrix} s^2 + 2\zeta_1 \omega_1 s + \omega_1^2 - d_1 \Omega^2 & g_1 \Omega s \\ -g_2 \Omega s & s^2 + 2\zeta_2 \omega_2 s + \omega_2^2 - d_2 \Omega^2 \end{bmatrix} \quad (3.20)$$

且

$$\det \boldsymbol{A} = 0 \quad (3.21)$$

将式(3.20)代入式(3.21),得到特征方程:

$$s^4 + a_3 s^3 + a_2 s^2 + a_1 s + a_0 = 0 \quad (3.22)$$

其中系数 a_j:

$$a_3 = 2s^3(\zeta_1\omega_1 + \zeta_2\omega_2)$$

$$a_2 = s^2(\omega_1^2 - d_1\Omega^2 + \omega_2^2 - d_2\Omega^2 + 4\zeta_1\omega_1\zeta_2\omega_2 + g_1g_2\Omega^2)$$

$$a_1 = 2s[\zeta_1\omega_1(\omega_2^2 - d_2\Omega^2) + \zeta_2\omega_2(\omega_1^2 - d_1\Omega^2)]$$

$$a_0 = (\omega_1^2 - d_1\Omega^2)(\omega_2^2 - d_2\Omega^2)$$

由式(3.22),基于 R-H 准则分析谐振子振动的稳定性:

$$\begin{cases} a_1a_2a_3 - a_1^2 - a_3^2a_0 > 0 \\ a_j > 0 \end{cases} \quad (3.23)$$

特征式(3.22)的系数是角速率、阻尼因子和系统固有频率的函数,其中只有角速率未知,可根据稳定性条件式(3.23)设计其他参数。由式(3.22)的系数可知,当外角速率小于主振动的固有频率时,能产生稳定的次振动:

$$-\omega_1 < \Omega < \omega_1 \quad (3.24)$$

由于外界角速率远远小于主振动频率,因此式(3.24)假设成立。

完整的四阶方程(3.22)的封闭解比较复杂且作用不大,假设阻尼很小($\zeta_1 = \zeta_2 = 0$)消除所有奇次项,特征式(3.22)变成偶次项方程,用无量纲参数表示振动方程:

$$s^4 + s^2k^2(1 - d_1\delta\Omega^2 + \delta k^2 - d_2\delta\Omega^2 + g_1g_2\delta\Omega^2) + k^4(1 - d_1\delta\Omega^2)(\delta k^2 - d_2\delta\Omega^2) = 0 \quad (3.25)$$

式(3.25)的根与主振动和次振动相对特征频率 $\delta\omega_{j0}$ 相关:

$$\begin{cases} s_{1,2} = \pm ik\delta\omega_{10} \\ s_{3,4} = \pm ik\delta\omega_{20} \end{cases} \quad (3.26)$$

通过求解式(3.25)得到特征频率:

$$\delta\Omega_{j0}^2 = \frac{1}{2}[1 + \delta k^2 - (d_1 + d_2 - g_1g_2)\delta\Omega^2] +$$

$$\frac{(-1)^j}{2}\{4(\delta k^2 - d_1\delta\Omega^2)(d_2\delta\Omega^2 - 1) +$$

$$[1 + \delta k^2 - (d_1 + d_2 - g_1g_2)\delta\Omega^2]^2\}^{1/2} \quad (3.27)$$

图 3.3 为特征频率式(3.27)随外部角速率变化的曲线图,其中相对固有频率为 $\delta k = 1.05$。

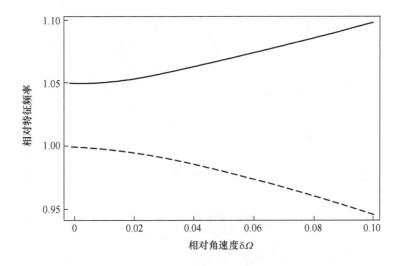

图 3.3 相对角速率 $\delta\Omega$

(虚线:主振动频率,实线:次振动频率)

当外部没有旋转时,特征频率等于相应的固有频率;当外部发生旋转时,由于角速率存在,频率开始变化。虽然这种依赖关系不是线性的,但当固有频率相等时($\delta k = 1$)其近似于线性。式(3.15)表明,频率调制优化能够完善振幅调制功能,提高角速率测量精度。

3.3 等效质量运动轨迹建模

可以把 CVG 敏感元件看作一个二维摆。在恒定的外角速率下,其重心轨迹为一个椭圆,如图 3.4 所示。

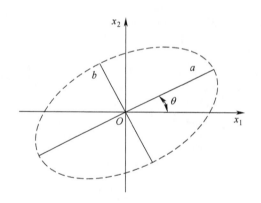

图 3.4 CVG 敏感元件运动轨迹

在图 3.4 中,a 和 b 分别代表椭圆的长半轴和短半轴,θ 为椭圆相对轴系(主振动轴 x_1 和次振动轴 x_2)旋转的角度。这些参数(即长短半轴和旋转角度)依赖主振动和次振动的振幅和相位,而主振动和次振动又依赖敏感元件设计的参数和外部输入的角速率。

本节要解决的问题是,建立敏感元件的椭圆参数数学模型,完成对敏感元件的设计以及参数的确定。

在不失一般性的情况下,CVG 敏感元件稳态运动的主、次级坐标可以表示为

$$\begin{cases} x_1(t) = A_{10}\cos\omega t \\ x_2(t) = A_{20}\cos(\omega t + \varphi) = A_{20}[\cos\omega t\cos\varphi - \sin\omega t\sin\varphi] \end{cases} \tag{3.28}$$

式中 A_{10}、A_{20}——主模态和次级模态振幅;

φ——两个振荡模态之间的相移;

ω——谐振频率。

首先,剔除振动相位 ωt。式(3.28)可变为式(3.29):

$$\frac{x_1}{A_{10}}\cos\varphi - \frac{x_2}{A_{20}} = \pm\sqrt{1 - \frac{x_1^2}{A_{10}^2}}\sin\varphi \tag{3.29}$$

将式(3.29)两边平方得到式(3.30):

$$\frac{x_1^2}{A_{10}^2} + \frac{x_2^2}{A_{20}^2} - \frac{2x_1 x_2 \cos\varphi}{A_{10}A_{20}} = \sin\varphi^2 \tag{3.30}$$

假设在旋转角度 θ 的坐标系中,X_1 和 X_2 为敏感单元重心的坐标,与初始坐标相关联得到:

$$\begin{cases} x_1 = X_1\cos\theta - X_2\sin\theta \\ x_2 = X_1\sin\theta + X_2\cos\theta \end{cases} \tag{3.31}$$

在这些坐标下,椭圆方程有其常规形式:

$$\frac{X_1^2}{a^2} + \frac{X_2^2}{b^2} = 1$$

将式(3.31)代入式(3.30)得到：

$$X_1^2 \frac{A_{20}^2 \cos^2\theta - A_{10}A_{20}\cos\varphi\sin2\theta + A_{10}^2 \sin^2\theta}{A_{10}^2 A_{20}^2} +$$

$$X_1 X_2 \frac{(A_{10}^2 - A_{20}^2)\sin2\theta - 2A_{10}A_{20}\cos\varphi\cos2\theta}{A_{10}^2 A_{20}^2} + \quad (3.32)$$

$$X_2^2 \frac{A_{10}^2 \cos^2\theta + A_{10}A_{20}\cos\varphi\sin2\theta + A_{20}^2 \sin^2\theta}{A_{10}^2 A_{20}^2} = \sin^2\varphi$$

显然,如果 θ 满足式(3.33),则式(3.32)可转化为常规形式：

$$\theta = \frac{1}{2}\arctan\frac{2A_{10}A_{20}\cos\varphi}{A_{10}^2 - A_{20}^2} \quad (3.33)$$

定义 θ 为式(3.33),则椭圆半轴的表达式为

$$\begin{cases} a = \dfrac{A_{10}A_{20}\sin\varphi}{\sqrt{A_{20}^2 \cos^2\theta - A_{10}A_{20}\cos\varphi\sin2\theta + A_{10}^2 \sin^2\theta}} \\ b = \dfrac{A_{10}A_{20}\sin\varphi}{\sqrt{A_{10}^2 \cos^2\theta + A_{10}A_{20}\cos\varphi\sin2\theta + A_{20}^2 \sin^2\theta}} \end{cases} \quad (3.34)$$

现在我们用敏感元件参数和外部角速率来表示椭圆的半轴 a、b 和 θ。

在理想的谐振的 CVG 中,主振动和次振动的特征频率相同,且相移为零($\varphi = 0$)。利用泰勒级数线性项来近似表达式(3.33)和式(3.34)：

$$\begin{cases} a \approx \dfrac{A_{10}A_{20}\varphi}{A_{20}\cos\theta - A_{10}\sin\theta} \\ b \approx \dfrac{A_{10}A_{20}\varphi}{A_{10}\cos\theta + A_{20}\sin\theta} \end{cases} \quad (3.35)$$

应该注意,当 $\varphi = 0$ 时,长半轴 a 为 0,这显然不正确。由式(3.34)可知,当公式的分母变为零时,长半轴的表达式在 $\varphi = 0$ 附近有一定的特殊性;当 $\varphi \neq 0$ 时,这个函数曲线是平滑的,没有这样的特性。通过剔除特殊性,可以近似得到:

$$a \approx A_{10} + \frac{A_{20}^2}{4}(1 + \cos 2\varphi) \quad (3.36)$$

式(3.36)无量纲的近似值的相对误差如图 3.5 所示。

由图 3.5 可知,通过沿零相移观察奇点表示的近似程度,相较于初始公式来说相关性更强。且式(3.36)的近似程度对于小相移和小相对次振幅来说足够精确,从而足以描述典型的 CVG 敏感元件运动。

现在让我们分析椭圆轨迹参数与外部输入角速率和敏感元件特性的关系。

需要注意的是,敏感元件的轨迹参数取决于在主振动和次振动之间相移 $\varphi = \varphi_2 - \varphi_1$。重要的是,由式(3.17)可知,相位与输入角速率无关。

在主振动共振($\delta\omega = 1$)时,正弦和余弦的相移可计算为

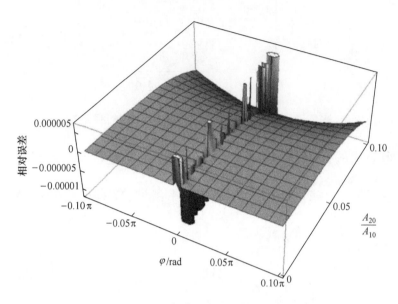

图 3.5 长半轴近似值的相对误差

$$\begin{cases} \sin\varphi = \dfrac{1-\delta k^2}{R} \\ \cos\varphi = \dfrac{2\zeta_2 \delta k}{R} \\ R = \sqrt{\delta k^4 - 2(1-2\zeta_2^2)\delta k^2 + 1} \end{cases} \quad (3.37)$$

通过式(3.16)、式(3.17)和相移表达式(3.37),分析 CVG 敏感元件的实际轨迹的参数。

现在将式(3.16)和式(3.37)代入长半轴近似式(3.36):

$$a = \frac{q_{10}(4k^2 R^2 \zeta_1 + g_2^2 q_{10} \delta \Omega^2)}{8k^4 R^2 \zeta_1^2}$$

当相对的角速率比较小时($\delta\Omega^2 \approx 0$),与期望一致,长半轴 a 成为主要振幅:

$$a \approx \frac{q_{10}}{2k^2\zeta_1} = A_{10}\big|_{\delta\Omega=1} \tag{3.38}$$

剔除角速率的高次幂项后得

$$b = \frac{q_{10}g_2(1-\delta k^2)}{2k^2\zeta_1[1-2(1-2\zeta_2^2)\delta k^2 + \delta k^4]}\delta\Omega \tag{3.39}$$

分析式(3.39)可知,在完美匹配的自然频率($\delta k = 1$)或没有外部角速率($\delta\Omega = 0$)情况下,短半轴 b 为0。

最后,轨迹旋转的角度 θ 可以用式(3.40)表示:

$$\theta = \frac{1}{2}\arctan\left[\frac{4g_2\zeta_2\delta k\delta\Omega}{1-2(1-2\zeta_2^2)\delta k^2 + \delta k^4}\right] \tag{3.40}$$

与前一种情况相似,对于小角速率,我们可以式(3.40)线性近似表示:

$$\theta \approx \frac{2g_2\zeta_2\delta k}{1-2(1-2\zeta_2^2)\delta k^2 + \delta k^4}\delta\Omega \tag{3.41}$$

或者在主模态和敏感模态固有频率($\delta k = 1$)完全匹配的情况下,式(3.41)可表示

$$\theta \approx \frac{g_2}{2\zeta_2}\delta\Omega \tag{3.42}$$

精确表达式(3.40)及其线性逼近表达式(3.42)如图3.6所示。

由图 3.6 可以看出,轨迹旋转角度近似为未知角速率的线性函数,因此可以用来实现角速率的测量。

图 3.7 基于原始方程的数值解,展示了近似轨迹式(3.38)、式(3.39)和式(3.42)与真实轨迹模拟之间的相关性。

此处实线为模拟的 CVG 敏感元件的稳态运动轨迹,虚线为根据获得的参数生成的轨迹。

与数值仿真结果的比较表明,所得到的敏感元件运动轨迹数学模型具有较高的精度。这些相关性不仅可以进一步分析敏感元件的运动,而且可以有效综合多种不同的控制回路来提高 CVG 的整体性能。

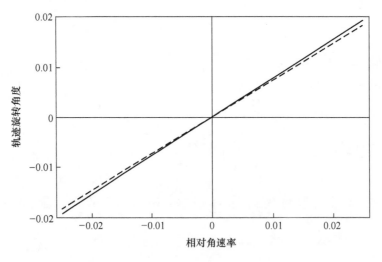

图 3.6 轨迹旋转角度随相对角速率的变化

(实线:精确值,虚线:逼近值)

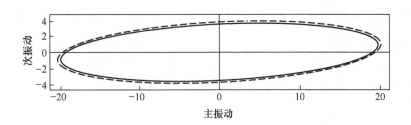

图 3.7 CVG 振动轨迹仿真

(实线:仿真值,虚线:理论值)

3.4 基于 Simulink® 的科里奥利振动陀螺仪动力学进行数值仿真

数学模型对于 CVG 精确的数值仿真十分重要。图 3.8 给出了用于 CVG 在开环运行模式下仿真的通用 Simulink 模型。

这里,"角速率"模块提供系统输入的角速率,"激励"模块提供正弦信号到主模态输入,"过程噪声"模块可以添加到敏感模态输入中,"传感器噪声"模块可以添加到 CVG 输出中。次振动坐标 x_2 必须由"二次检测器"解调以去除主模态载波信号。

为了使仿真结果尽可能真实,以下敏感元件运动方程(2.29)在小角速率输入($\Omega^2 \approx 0$)的情况下可简化为

$$\begin{cases} \ddot{x}_1 + 2\zeta_1\omega_1\dot{x}_1 + \omega_1^2 x_1 = q_1 - g_1\Omega\dot{x}_2 - d_3\dot{\Omega}x_2 \\ \ddot{x}_2 + 2\zeta_2\omega_2\dot{x}_2 + \omega_2^2 x_2 = q_2 + g_2\Omega\dot{x}_1 + d_4\dot{\Omega}x_1 \end{cases} \quad (3.43)$$

仿真模型(图 3.8 "敏感元件动力学"分系统模块的具体内容)如图 3.9 所示。

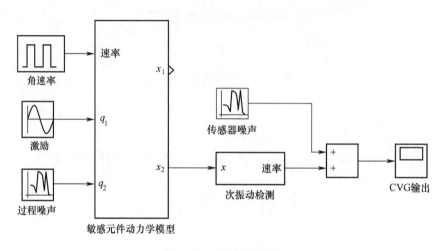

图 3.8　CVG 仿真模型

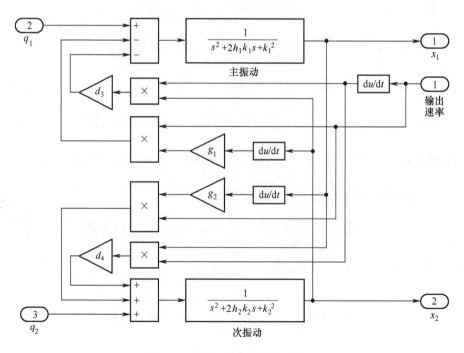

图 3.9　敏感元件动力学仿真模型

利用Simulink中的传递函数模块对该模型中的主模态和敏感模态动力学进行仿真。敏感元件的参数替换为以下变量：$k_1 = \omega_1$，$k_2 = \omega_2$，$h_1 = \zeta_1$，$h_2 = \zeta_2$，等等。

敏感模态的输出解调由同步解调器(图3.8中的"二次检波器"模块)执行，如图3.10所示。

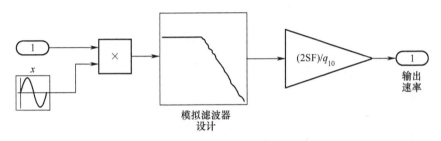

图3.10 二次检波器模型

该输出乘以激励频率处的正弦信号，结果再通过八阶巴特沃思低通滤波器。滤波器输出与一个增益因子相乘，将其缩放至角速率输出。

3.5 小 结

如本章中展示的，CVG运动方程的解决方案不仅描述了敏感元件对外部旋转的反应方式，并且可以借此计算并优化该类型陀螺仪的主要性能。

细心的读者可能会注意到，实际上并没有解出原始的运动方程，而是得到了振幅、相位和与外部角速率相关的特征方程的稳态解。这样做是由于原始方程的主、次运动的封闭解极其复杂,并无助于进一步的研究。且外部输入角速率相关的重要参量,都是通过振幅和相位来表达的,而不是敏感元件的实际运动,因此封闭解就显得不那么必要了。然而,当角速率随时间变化时,与恒定角速率相关的稳态解无法敏感元件的运动进行分析。这个问题在第 4 章中有待解决。

第 4 章

解调信号中的科里奥利振动陀螺仪动力学

在第 3 章中,我们用广义坐标 x_1 和 x_2 分析了 CVG 敏感元件的动力学方程,其分别描述了谐波的主、次运动。

基于科里奥利加速度对于陀螺旋转的感应,相较于传统类型的陀螺仪,CVG 的数学模型更加复杂,其中一个复杂的原因是,CVG 中与外部输入角速率成正比的有用信号被调制在主动激励的主振动中。从数学建模的角度来看,通过"解调"来获得 CVG 的运动信息以及误差是确实可行的。从控制系统的观点来看,CVG 系统的传统表示方法为:将主振动的激励信号作为动态系统的输入,而将未知的外部角速率作为系统传递函数的系数。因此主要在稳态下对 CVG 进行动力学分析,由于其动态过程的表达十分复杂,一般不做关注。

4.1 解调信号中的运动方程

当角速率很小时($\Omega^2 \approx 0$)可将运动方程简化,此时 CVG 敏感元件运动方程式(2.29)的广义表达式为

$$\begin{cases} \ddot{x}_1 + 2\zeta_1\omega_1\dot{x}_1 + \omega_1^2 x_1 = q_1 - g_1\Omega\dot{x}_2 - d_3\dot{\Omega}x_2 \\ \ddot{x}_2 + 2\zeta_2\omega_2\dot{x}_2 + \omega_2^2 x_2 = q_2 + g_2\Omega\dot{x}_1 + d_4\dot{\Omega}x_1 \end{cases} \quad (4.1)$$

在运动方程式(4.1)中,角速率 Ω 作为一个未知且可变的系数,而不是作为该振荡系统的输入。这种动态系统的常规控制系统框图表示如图 4.1 所示。

为了确定角速率,必须检测敏感元件的次振动,其振幅与角速率近似为正比关系,而相位则由符号确定。

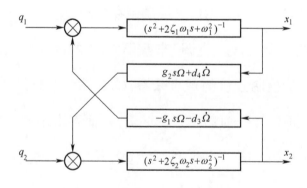

图 4.1 控制系统中 CVG 框图

与大多数控制问题类似，CVG 的动力学方程表示应该有未知的角速率作为输入和 CVG 测量值作为输出。

进一步简化运动方程式(4.1)，假设沿主振动方向的转动加速度、科里奥利加速度和驱动力加速度可以忽略不计：

$$g_1 \Omega \dot{x}_2 + d_3 \dot{\Omega} x_2 \ll q_1(t) \tag{4.2}$$

这种假设相当于在图 4.1 中，将从次振动到主振动的反馈剔除。由式(4.2)的假设得到以下简化的 CVG 运动方程：

$$\begin{cases} \ddot{x}_1 + 2\zeta_1 \omega_1 \dot{x}_1 + \omega_1^2 x_1 = q_1 \\ \ddot{x}_2 + 2\zeta_2 \omega_2 \dot{x}_2 + \omega_2^2 x_2 = g_2 \Omega \dot{x}_1 + d_4 \dot{\Omega} x_1 \end{cases} \tag{4.3}$$

同样假设没有外力影响次振动，即 $q_2(t)=0$。如式(4.3)所示系统可以进一步转换，来获得所需要的未知角速率。

选择合适的激励电压，以谐波形式进行激励并用复指数形式表示，该驱动力 $q_1(t)$ 可以表示为

$$q_1(t) = q_{10}\sin(\omega t) = \mathrm{Im}\{q_{10}\mathrm{e}^{\mathrm{j}\omega t}\} \tag{4.4}$$

式中　ω ——激励频率(rad/s)；

　　　q_{10} ——恒定的激励幅值。

主振动和次振动的运动方程式(4.3)的非齐次解，按照类似于式(3.8)和式(3.9)的形式整理为

$$\begin{cases} x_1(t) = \mathrm{Im}\{A_1(t)\mathrm{e}^{\mathrm{j}\omega t}\} \\ A_1(t) = A_{10}(t)\mathrm{e}^{\mathrm{j}\varphi_1(t)} \\ x_2(t) = \mathrm{Im}\{A_2(t)\mathrm{e}^{\mathrm{j}\omega t}\} \\ A_2(t) = A_{20}(t)\mathrm{e}^{\mathrm{j}\varphi_2(t)} \end{cases} \quad (4.5)$$

式中 A_{10}、A_{20}——主振幅和次振幅；

φ_{10}、φ_{20}——相对于激励的相移。

这些量是实数(而非虚数)，它们组合成为相对复杂的振幅-相位变量：A_1 和 A_2。注意，与式(3.8)和式(3.9)不同，其中的振幅和相位会随时间变化。

将式(4.4)和式(4.5)代入式(4.3)中，得到的运动方程是关于振幅-相位变量的，而非真实的广义坐标：

$$\begin{cases} \ddot{A}_1 + 2(\zeta_1\omega_1 + \mathrm{j}\omega)\dot{A}_1 + (\omega_1^2 - \omega^2 + 2\mathrm{j}\omega\omega_1\zeta_1)A_1 = q_{10} \\ \ddot{A}_2 + 2(\zeta_2\omega_2 + \mathrm{j}\omega)\dot{A}_2 + (\omega_2^2 - \omega^2 + 2\mathrm{j}\omega\omega_2\zeta_2)A_2 \\ \quad = (\mathrm{j}\omega g_2\Omega + d_4\dot{\Omega})A_1 + g_2\dot{A}_1\Omega \end{cases} \quad (4.6)$$

方程(4.6)在角速率 Ω 未知的情况下，描述了主振动和次振动的振幅、相位方程。则我们能够在不限制角速率恒定或缓慢变化的情况下进行科里奥利振动陀螺动力学分析。

分析系统式(4.6)，可以将第一个方程从第二个方程中分离求解。消去第一个方程的齐次解后，只留下非齐次解。此时主振动的稳定幅

值为

$$A_1 = \frac{q_{10}}{\omega_1^2 - \omega^2 + 2j\omega_1\zeta_1\omega} \quad (4.7)$$

其为一恒定值,即 $\ddot{A}_1 = \dot{A}_1 = 0$。实际上,角速率的测量大部分情况下是在主振动已经稳定的情况下进行的。只剩下次振动方程,其中复主振幅 A_1 为一个常量,由式(4.7)可得

$$\ddot{A}_2 + 2(\zeta_2\omega_2 + j\omega)\dot{A}_2 + (\omega_2^2 - \omega^2 + 2j\omega\omega_2\zeta_2)A_2 = (j\omega g_2\Omega + d_4\dot{\Omega})A_1 \quad (4.8)$$

主振动的振幅和相位确定之后,方程(4.8)则表示了次振动的振幅和相位。

4.2 科里奥利振动陀螺仪的传递函数

采用式(4.8)形式的 CVG 敏感元件运动方程,可以在任意输入角速率的状态下分析其动态过程的振幅和相位。如式(4.8)对所有变量在零初始条件下进行拉普拉斯变换,得到以下表达式:

$$[(s + j\omega)^2 + 2\zeta_2\omega_2(s + j\omega) + \omega_2^2]A_2(s) = A_1[d_4s + jg_2\omega]\Omega(s) \quad (4.9)$$

次振动的拉普拉斯变换代数式(4.9)的解为

$$A_2(s) = \frac{A_1(d_4 s + jg_2\omega)}{(s+j\omega)^2 + 2\zeta_2\omega_2(s+j\omega) + \omega_2^2}\Omega(s) \quad (4.10)$$

将角速率作为输入,次振动的系统传递函数为

$$W_2(s) = \frac{A_2(s)}{\Omega(s)} = \frac{A_1(d_4 s + jg_2\omega)}{(s+j\omega)^2 + 2\zeta_2\omega_2(s+j\omega) + \omega_2^2}$$

$$= \frac{q_{10}(d_4 s + jg_2\omega)}{[(s+j\omega)^2 + 2\zeta_2\omega_2(s+j\omega) + \omega_2^2][\omega_1^2 - \omega^2 + 2j\omega\omega_1\zeta_1]}$$

$$(4.11)$$

应当注意,传递函数式(4.11)具有复系数,这导致系统的输出十分复杂,但其仍旧允许我们在开环系统中,通过角速率来分析 CVG 的运动方程和动态过程。

传递函数(4.11)描述了在次振幅任意变化的情况下 CVG 的解调动力学。然而,在大多数 CVG 的应用中,相较于角速率,次振动可以被认为是缓慢变化的,这个假设允许我们忽略式(4.8)中次振动振幅中的高阶导数,例如可以假设 $\ddot{A}_2 \approx 0$。

$$2(\zeta_2\omega_2 + j\omega)\dot{A}_2 + (\omega_2^2 - \omega^2 + 2j\omega\omega_2\zeta_2)A_2 = (j\omega g_2\Omega + d_4\dot{\Omega})A_1$$

$$(4.12)$$

得到相应的角速率传递函数:

$$W_2(s) = \frac{q_{10}(d_4 s + jg_2\omega)}{[2\zeta_2\omega_2 s + \omega_2^2 - \omega^2 + j2\omega(\zeta_2\omega_2 + s)][\omega_1^2 - \omega^2 + 2j\omega\omega_1\zeta_1]}$$

(4.13)

复合传递函数式(4.13)比函数式(4.11)更简洁,并且可以在需要分析缓慢变化角速率的情况下替代它。

在模拟基于复传递函数式(4.11)或式(4.13)的 CVG 运动方程时,可能会遇到处理这些传递函数中的复系数的问题。其中一种避免这一问题的方法,是将复振幅的实部和虚部作为分离的信号,然后将它们组合在一起产生实振幅和实相位。为了得到这种信号的传递函数,我们将主振幅和次振幅表示为

$$\begin{cases} A_1 = A_{1R} + jA_{1I} \\ A_2 = A_{2R} + jA_{2I} \end{cases} \quad (4.14)$$

通过将式(4.14)代入式(4.7),很容易得到主振动分量:

$$\begin{cases} A_{1R} = \dfrac{q_{10}(\omega_1^2 - \omega^2)}{(\omega_1^2 - \omega^2)^2 + 4\omega_1^2\zeta_1^2\omega^2} \\ A_{1I} = -\dfrac{2jq_{10}\omega\omega_1\zeta_1}{(\omega_1^2 - \omega^2)^2 + 4\omega_1^2\zeta_1^2\omega^2} \end{cases} \quad (4.15)$$

同时,将式(4.15)代入运动方程式(4.8),在零初始条件下进行拉普拉斯变换,得到:

$$\begin{cases} (\omega_2^2 - \omega^2 + 2\omega_2\zeta_2 s + s^2)A_{2R}(s) - 2\omega(\omega_2\zeta_2 + s)A_{2I}(s) \\ = (A_{1R}d_4 s - A_{1I}g_2\omega)\Omega(s) \\ (\omega_2^2 - \omega^2 + 2\omega_2\zeta_2 s + s^2)A_{2I}(s) + 2\omega(\omega_2\zeta_2 + s)A_{2R}(s) \\ = (A_{1I}d_4 s + A_{1R}g_2\omega)\Omega(s) \end{cases}$$

(4.16)

对次振幅的未知实部和虚部求解代数系统式(4.16),得到:

$$\begin{cases} A_{2R}(s) = \dfrac{A_{1R}M_{RR}(s) + A_{1I}M_{RI}(s)}{P(s)}\Omega(s) \\ A_{2I}(s) = \dfrac{A_{1R}M_{IR}(s) + A_{1I}M_{II}(s)}{P(s)}\Omega(s) \end{cases}$$

(4.17)

其中主振幅实部和虚部的分子多项式由以下表达式给出:

$$\begin{cases} M_{RR}(s) = s(\omega_2^2 + 2\omega_2\zeta_2 s + s^2) - \omega^2[d_4 s - 2g_2(s + \omega_2\zeta_2)] \\ M_{RI}(s) = \omega[2d_4 s(s + \omega_2\zeta_2) - g_2(\omega_2^2 - \omega^2 + 2\omega_2\zeta_2 s + s^2)] \\ M_{II}(s) = 2\omega^2 g_2(s + \omega_2\zeta_2) + d_4 s(\omega_2^2 - \omega^2 + 2\omega_2\zeta_2 s + s^2) \\ M_{IR}(s) = \omega[g_2(\omega_2^2 - \omega^2 + 2\omega_2\zeta_2 s + s^2) - 2d_4 s(s + \omega_2\zeta_2)] \\ P(s) = 4(s + \omega_2\zeta_2)^2\omega^2 + (\omega_2^2 - \omega^2 + 2\omega_2\zeta_2 s + s^2)^2 \end{cases}$$

(4.18)

表达式(4.15)、式(4.17)和式(4.18)允许我们,在无须涉及复数信号的情况下,对控制系统中的CVG动力学进行分析。

4.3 幅相响应

为了利用传递函数式(4.11)计算系统的幅值响应,必须用傅里叶变量 $j\lambda$ 代替拉普拉斯变量 s,其中 λ 为角速率振荡的频率:

$$W_2(j\lambda) = \frac{jq_{10}(d_4\lambda + g_2\omega)}{[\omega_2^2 - (\lambda + \omega)^2 + 2j\zeta_2\omega_2(\lambda + \omega)](\omega_1^2 - \omega^2 + 2j\omega\zeta_1\omega_1)}$$

(4.19)

复变函数式(4.19)的绝对值为次振动幅值对输入角速率的幅值响应,复数对应的相位为其相位响应:

$$\begin{cases} A(\lambda) = \dfrac{410(\omega_4\lambda + g_2\omega)}{\sqrt{\{[\omega_2^2 - (\lambda + \omega)^2]^2 + 4\zeta_2^2\omega_2^2(\lambda + \omega)^2\}[(\omega_1^2 - \omega^2)^2 + 4\zeta_1^2\omega_1^2\omega^2]}} \\ \varphi(\lambda) = \arctan\left(\dfrac{[\omega_2^2 - (\lambda + \omega)^2](\omega_1^2 - \omega^2) - 4\omega_1\omega_2\zeta_1\zeta_2\omega(\lambda + \omega)}{2\{\omega_2\zeta_2(\lambda + \omega)(\omega_1^2 - \omega^2) + \omega_1\zeta_1\omega[\omega_2^2 - (\lambda + \omega)^2]\}}\right) \end{cases}$$

(4.20)

应该注意,在式(4.20)中假设角速率恒定($\lambda = 0$),可以得到之前推导的次振动振幅和相位表达式。

对式(4.20)的分析表明,振动角速率的影响实际上等价于激励频率随角速率频率的偏移。这将导致特别是高 Q 值的 CVG 丢失其谐振态,从而导致其标度因数剧烈变化(动态误差)。本书后面将介绍通过选择适当的谐振频率和阻尼来解决这个问题。

4.4 稳定性和动态过程优化

系统的稳定性和阶跃动态过程都取决于系统极点在实-虚平面上的位置。CVG 的信号解调过程由之前推导的系统传递函数式(4.11)描述。

传递函数式(4.11)的极点为

$$s_{1,2} = -\omega_2\zeta_2 \pm j\omega_2\sqrt{1-\zeta_2^2} - j\omega \tag{4.21}$$

分析表达式(4.21),容易看出 CVG 系统是稳定的。如果相对阻尼系数 $\zeta_2 \leqslant 1$,则极点的实部为

$$-\omega_2\zeta_2 < 0$$

若相对阻尼系数 $\zeta_2 > 1$,则实部:

$$-\omega_2(\zeta_2 \pm \sqrt{\zeta_1^2-1}) < 0$$

如果极点(4.21)的虚部为零,则可以实现次振动幅值的理想单位阶跃角速率动态过程。其中一个极点虚部较大,有

$$-\omega_2\sqrt{1-\zeta_2^2} - \omega < 0$$

其值总是远小于 0,对应曲线中的高频振荡部分。另一个极点对应低频振荡部分,是影响动态过程的主要部分。对于该极点,为获得理

想的动态过程需具有以下条件：

$$\omega_2\sqrt{1-\zeta_2^2} - \omega = 0 \Rightarrow \omega_2 = \frac{\omega}{\sqrt{1-\zeta_2^2}} \quad (4.22)$$

若以固有频率激励主振动来获得更好的灵敏度,则将式(4.22)转换为

$$\omega_2 = \omega_1\sqrt{\frac{1-2\zeta_1^2}{1-\zeta_2^2}} \quad (4.23)$$

因此,为了提供理想的次振动振幅动态过程,应该根据次振动固有频率式(4.23)来设计 CVG 敏感元件。

系统动态过程的另一个重要性能指标是其稳定时间,它是由系统极点的实部决定的,可以近似为

$$T = -\frac{\ln(\varepsilon)}{\omega_2\zeta_2} \quad (4.24)$$

式中　ε ——误差容忍度(容忍度为 1% 时的 ε 为 0.01)。

从式(4.24)可以看出,为了使稳定时间最小,分母 $\omega_2\zeta_2$ 必须尽可能大。由于 CVG 的灵敏度与它的固有频率成反比,因此减小阻尼会使其动态过程的稳定时间变长。

上述对系统极点及其动态过程的分析还有另一个结论,次振动的实际幅值主要由低频极点决定,而高频极点对其的影响往往会在解调过程中被剔除,因此可以忽略。换句话说,主要的现象是振幅和相位的

缓慢变化，由系统传递函数式(4.13)表示。传递函数的单个极点为

$$s_1 = -\frac{\omega_2^2 - \omega^2 + 2\mathrm{j}\omega\zeta_2\omega_2}{2(\zeta_2\omega_2 + \mathrm{j}\omega)}$$

$$= -\omega_2\zeta_2\frac{\omega_2^2 + \omega^2}{2(\zeta_2^2\omega_2^2 + \omega^2)} + \mathrm{j}\frac{\omega_2^2\omega - 2\omega_2^2\zeta_2^2\omega - \omega^3}{2(\zeta_2^2\omega_2^2 + \omega^2)}$$

(4.25)

当式(4.25)中的虚部为零时，得到理想的单位阶跃动态过程：

$$\omega = \omega_2\sqrt{1 - 2\zeta_2^2} \tag{4.26}$$

显然，这是次振动的固有频率。但正如前文所述，为得到更好的灵敏度，需要以敏感元件主振动的固有频率进行驱动，则此时有

$$\omega = \omega_1\sqrt{1 - 2\zeta_1^2}$$

且有

$$\omega_2 = \omega_1\sqrt{\frac{1 - 2\zeta_1^2}{1 - 2\zeta_2^2}} \tag{4.27}$$

虽然式(4.27)与之前得到的式(4.23)有所不同，但其实际值非常接近。如果次振动固有频率相应地选择式(4.27)，则极点式(4.25)变为

$$s_1 = -\omega_1\zeta_2\sqrt{\frac{1 - 2\zeta_1^2}{1 - 2\zeta_2^2}} = -\omega_2\zeta_2 \tag{4.28}$$

显然，单位阶跃稳定时间仍然由表达式(4.24)给出，且令稳定时

间最小的条件不变。

接下来我们通过数值仿真来展示,上文中建议的激励频率和阻尼是如何影响单位阶跃角速率动态过程的。真实的数值模拟过程基于3.4节中描述的方法。此外我们还将展示如何使用实-虚传递函数式(4.18)进行仿真,与真实敏感元件仿真进行比较并验证其性能。用Simulink模型对具有实虚传递函数的CVG进行仿真,仿真模型如图4.2所示。

这些模型的仿真结果如图4.3和图4.4所示。仿真参数如下,图4.3为未优化的动态过程,其参数为:$\omega_1 = 1000\pi$,$\omega_2 = 1.05\omega_1$,$\zeta_1 = \zeta_2 = 0.025$,$\omega = \omega_1$,图4.4为经过优化的动态过程,其中$\omega_2 = 0.978\omega_1$。

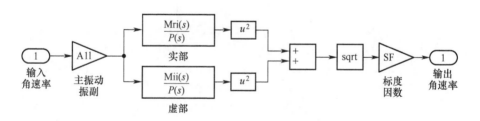

图4.2 实虚传递函数模型

图4.3中,未优化CVG的动态过程表现出很大的超调量以及明显的振荡,而如图4.4所示,根据式(4.23)选择的次振动固有频率,则可以产生预期中的半振荡动态过程。

对比图4.3和图4.4中的曲线,发现真实的动态过程与基于假设

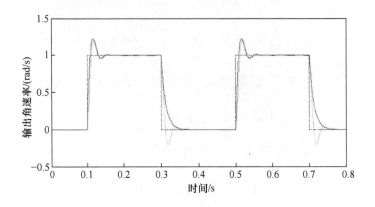

图 4.3　未优化的动态过程

（实线：实虚传递函数模型；虚线：输入角速率；点虚线：仿真输出）

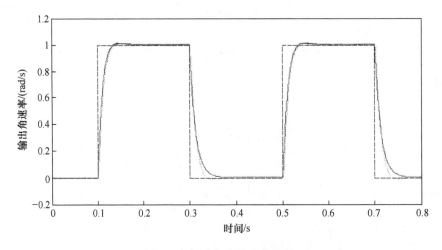

图 4.4　经过优化的动态过程

（实线：实虚传递函数模型；虚线：输入角速率；点虚线：仿真输出）

的传递函数得到的结果有一定出入，我们认为是由使用固定移相信号解调导致的，而实际的移相会随时间变化而变化。此外，相较于"真实"解调后的输出，"假设"的输出更加接近实际的次振动包络线。

4.5 简化的科里奥利振动陀螺仪传递函数及其精度

当复传递函数转换为简单实值函数时,有一个十分重要的特殊情况。假设主、次振动固有频率相等($\omega_1 = \omega_2 = k$),阻尼比相等($\zeta_1 = \zeta_2 = \zeta$),产生共振($\omega = k\sqrt{1-2\zeta^2}$)并且输入角速率恒定,容易得出:

$$A_{20}(s) = \frac{g_2 q_{10}\sqrt{1-2\zeta^2}}{4\zeta k^2(1-\zeta^2)(s+k\zeta)}\Omega(s) \qquad (4.29)$$

此时,次振动振幅(4.29)关于输入角速率的传递函数为

$$W_{20}(s) = \frac{A_{20}(s)}{\Omega(s)} = \frac{q_{10}g_2\sqrt{1-2\zeta^2}}{4k^2\zeta(1-\zeta^2)(s+k\zeta)} \qquad (4.30)$$

简化的 CVG 传递函数式(4.30)描述了一个简单一阶系统与指数(非振荡)动态过程。

当阻尼很小时($\zeta^2 \ll 1$),传递函数(4.30)可改写为

$$W_{20}(s) \approx \frac{q_{10}g_2}{4k^2\zeta(s+k\zeta)} \qquad (4.31)$$

传递函数(4.31)将角速率与次振动振幅联系起来。接下来,考虑未知输入角速率与测量角速率之间的传递函数,令式(4.31)除以稳态标度因数,得到的传递函数为

$$W(s) = \frac{k\zeta}{s+k\zeta} \qquad (4.32)$$

传递函数式(4.32)表示一个如图4.5所示的CVG系统。其中$\Omega^*(s)$为外部角速率测量值。

我们倾向使用式(4.32)与传递函数式(4.30)~式(4.32)来描述"非调谐"CVG,为此,我们将评估传递函数在表示CVG敏感元件动力学一般情况下的准确性。

图4.5 控制系统中的CVG

为此我们比较了由简化传递函数产生的动态过程,以及式(4.1)数值解经解调后产生的动态过程。使用以下积分函数作为性能准则:

$$J(\delta k, \delta \zeta) = \int_0^T [A_{20}(t) - A_{20}^*(t)]^2 \mathrm{d}t \quad (4.33)$$

式中　$\delta k = \omega_2/\omega_1$——固有频率比;

$\delta \zeta = \zeta_2/\zeta_1$——相对阻尼比;

$A_{20}^*(t)$——"实际"模式中产生的解调后的次振动振幅。

函数式(4.33)的图像如图4.6所示。

图4.6中中央深色区域对应于完美的谐振态($\delta k = 1, \delta \zeta = 1$)。可以看出,敏感元件的固有频率比和相对阻尼比在很大范围内,在性能准则式(4.33)所允许的范围内,其传递函数都能够由式(4.32)表示。

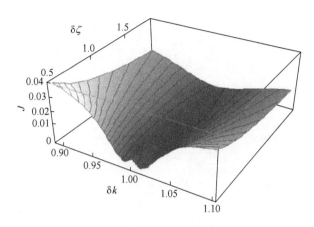

图4.6 动态过程积分误差表示

4.6 轨迹旋转传递函数

在第3章中,已经证明了在一般情况下CVG敏感元件的运动轨迹是椭圆的。稳态下轨迹旋转的角度与输入角速率成正比。在推导了CVG敏感元件的简化传递函数后,现在推导轨迹转角的传递函数,并分析其相应的动态过程。

在阻尼较小的情况下,次振动振幅的拉普拉斯变换为

$$A_{20}(s) = \frac{q_{10}g_2}{4k^2\zeta(s+k\zeta)}\Omega(s) \tag{4.34}$$

由式(4.7)可知,主振动的恒定实振幅为

$$A_{10} = \frac{q_{10}}{\sqrt{(\omega_1^2-\omega^2)^2+4\omega_1^2\zeta_1\omega^2}} \tag{4.35}$$

由式(3.23)可得轨迹转角为

$$\theta = \frac{1}{2} \arctan \frac{2A_{10}A_{20}\cos\varphi}{A_{10}^2 - A_{20}^2}$$

其中

$$\cos\varphi = \frac{2\zeta\delta k}{\sqrt{\delta k^4 - 2(1-2\zeta^2)\delta k^2 + 1}}$$

将式(4.34)、式(4.35)代入式(3.23)得到拉普拉斯域中旋转轨迹角的表达式：

$$\theta(s) = \frac{1}{2}\arctan\left[\frac{4g_2 k(s + k\zeta\delta k)\cos\varphi}{4(s + k\zeta\delta k)^2 - g_2^2 k^2 \delta\Omega^2(s)}\delta\Omega(s)\right] \quad (4.36)$$

其中：$\delta k = \omega_2/\omega_1, k = \omega_1, \delta\Omega(s) = \Omega(s)/\omega_1$。显然表达式(4.36)相对于输入角速率是非线性的。但是考虑到相对角速率很小($\delta\Omega \ll 1$)，式(4.36)可以线性化如下：

$$\theta(s) \approx \frac{g_2 k\zeta\delta k}{(s + k\zeta\delta k)\sqrt{\delta k^4 - 2(1-2\zeta^2)\delta k^2 + 1}}\delta\Omega(s) \quad (4.37)$$

假设 $\delta k = 1$，表达式(4.37)可以进一步简化为

$$\theta(s) \approx \frac{g_2 k}{2(s + k\zeta)}\delta\Omega(s) \quad (4.38)$$

表达式(4.38)的稳态与前面的运动轨迹转角表达式(3.32)的稳态完全一致。即式(4.38)的相对角速率与轨迹旋转角度间的传递函数为

$$W_\theta^\Omega(s) = \frac{\theta(s)}{\delta\Omega(s)} = \frac{g_2 k}{2(s + k\zeta)} \quad (4.39)$$

传递函数式(4.39)可以用来控制敏感元件的运动轨迹,以及实现先进的角速率测量方法。

基于式(4.1)的 CVG 敏感元件运动轨迹数值仿真结果如图 4.7 所示。

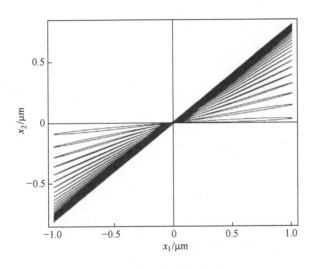

图 4.7 CVG 敏感元件运动轨迹

假设主振动已经稳定,且输入角速率恒定,相应的轨迹转角仿真如图 4.8 所示。这里的点虚线对应于简化式(4.38)。可以明显看到稳态误差,说明了简化模型的可用性降低。对表达式(4.38)进行分析,在稳态($s=0$)下,转角 θ 的值能够由 $g_2/(2\zeta)$ 简单地求出。从数值模拟结果中可以看出,该值精确度不足,动态部分勉强能够接受。而由

式(4.36)可以直接得到更精确的稳态值,从而得到以下改进的近似式:

$$\theta(s) = \frac{1}{2}\arctan\left[\frac{4g_2\zeta\delta k}{\sqrt{\delta k^4 - 2(1-2\zeta^2)\delta k^2 + 1}}\right]\frac{\zeta k\delta k}{s+\zeta k\delta k}\delta\Omega(s) \quad (4.40)$$

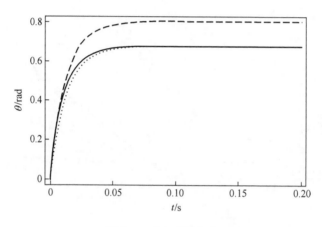

图 4.8 动态过程仿真

(实线:精确值,虚线:简化近似值,点虚线:改进近似值)

或在敏感元件与固有频率匹配的情况下:

$$\theta(s) = \frac{1}{2}\arctan\left[\frac{4g_2}{\sqrt{2}}\right]\frac{\zeta k}{s+\zeta k}\delta\Omega(s) \quad (4.41)$$

图 4.8 中的点虚线为式(4.41)模拟的动态过程。显然经过改进后,近似值更接近直接模拟的结果。

传递函数也可以写成类似式(4.39)的形式:

$$W^\theta_\Omega(s) = \frac{\theta(s)}{\delta\Omega(s)} = \frac{1}{2}\arctan\left[\frac{4g_2}{\sqrt{2}}\right]\frac{\zeta k}{s+\zeta k} \quad (4.42)$$

我们得到了输入角速率与敏感元件轨迹旋转角度之间的传递函数，其可以用于开发信号处理系统以及敏感元件控制回路。

4.7 小　　结

用解调信号来表示 CVG 敏感元件的数学模型，得到了一个很重要的结论，即 CVG 传递函数中的外部角速率不再是一个系数，而是作为系统的一个输入。此外，我们现在可以对可变振幅的 CVG 敏感元件的动力学方程进行分析，而不仅仅局限于主、次振动方程。所获得的模型十分简洁，允许我们完成对 CVG 主要性能的计算和优化，此外还证明了采用传统的信号处理和控制系统方法的可行性。

第 5 章
敏感元件设计方法

通过分析 CVG 敏感元件的运动方程并对其进行求解,我们可以推导出 CVG 的测量方程与误差表达式。也就是说,我们可以通过选择合适的敏感元件参数的方式,来减小甚至消除 CVG 的测量误差。

5.1 主振动的最优驱动方式

CVG 采用微机械加工技术制造,驱动和检测元件均为一种交错的微结构。典型的交错微结构如图 5.1 所示,它属于微机械陀螺驱动系统的一部分,通常称为静电梳状驱动器。

由于交错微结构理论过于复杂,难以直接对其非线性效应进行分析。因此,现阶段使用有限元分析法(FEM)对带有静电梳状驱动器的微系统进行分析,仍旧是 MEMS 设计过程中的主要手段。尽管现代计算机的计算能力已经获得了显著的提升,但相比于完整的 FEM 计算所需的算量依旧相形见绌。由于数值计算方法难以对基于梳状驱动器的驱动系统进行有效的分析,本节中将讨论如何创建一个简化的近似方法来分析该系统,并基于此,说明微机械陀螺性能中非线性效应的基本问题。

首先考虑主振动驱动系统的运行方式,梳状驱动器驱动谐振腔的原理如图 5.2 中的电路所示。

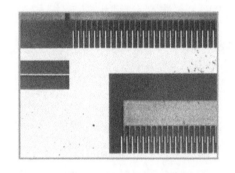
图 5.1 微机械陀螺仪静电梳状驱动器

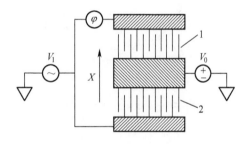
图 5.2 谐振腔驱动原理

图 5.2 中,V_1 为对梳状驱动器 1、2 固定片(固定部分)施加的电压,V_0 是施加在内部可移动质量块上的偏置电压,φ 是梳状驱动器 1、2 上的施加电压之间的相移。此时,作用于物体 x 轴上的总静电力可以为

$$F_x = \frac{[V_1(\tau + \varphi) - V_0]^2}{2} \frac{dC_1}{dx} + \frac{[V_1(\tau) - V_0]^2}{2} \frac{dC_2}{dx} \quad (5.1)$$

式中　C_1、C_2——梳状驱动 1、2 的电容值(图 5.2);

　　　　x——质量块沿相应轴的位移;

　　　　τ——驱动电压 V_1 的相位。

由于梳状驱动的对称性与线性,尖端电容可忽略不计:

$$\frac{dC_1}{dx} \approx -\frac{dC_2}{dx} = \frac{dC}{dx} \approx 常数$$

则静电力式(5.1)变为

$$F_x = \frac{1}{2}\{[V_1(\tau+\varphi) - V_0]^2 - [V_1(\tau) - V_0]^2\}\frac{dC}{dx} \quad (5.2)$$

我们往往需要令主振动具有谐波波形,来使微机械振动陀螺仪的解调过程尽量精确。可以假设 $V_1 = V\sin(\omega t)$, $V_0 = V\delta V$,则式(5.2)变为

$$F_x = \frac{V^2}{2}\{[\sin(\omega t+\varphi) - \delta V]^2 - [\sin(\omega t) - \delta V]^2\}\frac{dC}{dx} \quad (5.3)$$

显然,只有梳状驱动器上电压之间的相移 φ 会改变驱动力式(5.3)的波形。应以保证效率最高为原则确定该相移 φ。假设驱动力与位移 x 无关,则梳状驱动的效率可以写作:

$$P(\delta V, \varphi) = \int_0^{2\pi} [F_x(\tau)]^2 d\tau$$

$$= \frac{\pi}{2}(1 + 8\delta V^2 + \cos\varphi)\sin^2\left(\frac{\varphi}{2}\right) \cdot \left(V^2\frac{dC}{dx}\right)^2$$

(5.4)

通过数值计算得出的驱动效率式(5.4)分布图如图 5.3 所示。

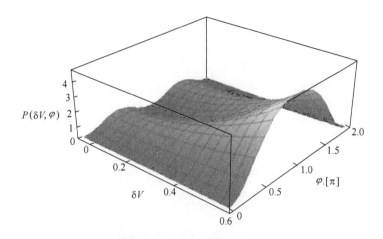

图 5.3 梳状驱动效率

分析图 5.3,能够明显看出不同的偏置电压 δV 分别对应不同的最优驱动模式,接下来将确定这些模式。

基于相移 φ 和电压比 δV 的最大效率值可以表示为

$$\frac{\mathrm{d}P(\delta \overline{V}, \varphi)}{\mathrm{d}\varphi} = 0 \Rightarrow (4\delta V^2 + \cos\varphi)\sin\varphi = 0 \quad (5.5)$$

通过求解式(5.5),可以得出达到最大效率时:

$$\begin{cases} \varphi = \arccos(-4\delta V^2) & \left(\delta V < \dfrac{1}{2}\right) \\ \varphi = \pi & \left(\delta V \geqslant \dfrac{1}{2}\right) \\ \varphi = \dfrac{\pi}{2} & (\delta V = 0) \end{cases} \quad (5.6)$$

式(5.6)中不同偏置电压对应最大效率模式的效率曲线如图 5.4 所示。

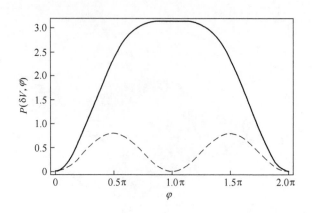

图5.4 不同偏置电压下的驱动效率
（实线：$\delta V = 0.5$，虚线：$\delta V = 0$）

容易看出,对于不同的 δV ,存在两个不同的相移 u ,均能够达到最优的驱动效率,因此衍生出两种本质上不同的主振动驱动模式,分别为有偏置电压模式与无偏置电压(质量块接地)模式,其中有偏置电压模式的偏置电压大于驱动电压幅值的 50%。

在这两种模式中,作用于质量块上的总静电力为

$$F_x = D(t)\frac{\mathrm{d}C}{\mathrm{d}x} \tag{5.7}$$

式中　$D(t)$ ——驱动方程。

该方程在两种模式中具有不同的形式,其具体计算结果如下：

$$\begin{cases} D(t) = 2V^2\delta V\sin(\omega t) & (\delta V \geqslant \dfrac{1}{2}) \\ D(t) = \dfrac{V^2}{2}\cos(2\omega t) & (\delta V = 0) \end{cases} \tag{5.8}$$

值得注意的是，与"接地"模式（$\delta V = 0$）相比，"偏置"模式（$\delta V > 0.5$）提供的驱动力更大（效率更高），此外，在"接地"模式下的驱动力的频率为驱动电压频率的两倍（图5.5）。

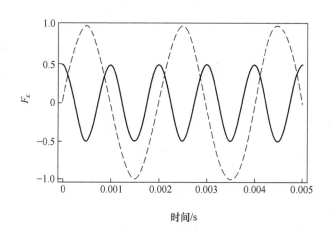

图 5.5　不同驱动模式下的驱动力
（实线："接地"模式，虚线："偏置"模式）

这种倍频效应也许能帮助我们从频域中将驱动与感应电压互相分离。因此在这种模式下信噪比能够获得相应提升。

在上述所有推导过程中均假设力与质量块位移无关，即当质量块位移很小的时候，可以将 dC/dx 视为一个常量。但在微机械陀螺仪使用的过程中，往往需要提高主振动的振幅从而提升陀螺仪对角速率的敏感程度，对于梳状驱动器而言则会产生较大的质量块位移，此时电容对于位移导数不再是常数，二者的关系表现为非线性。

对图5.6所示梳状结构单元的电容进行计算。

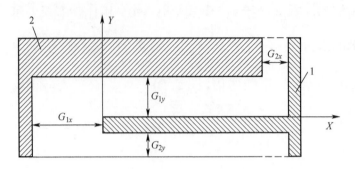

图 5.6 基本梳状驱动单元

在这种结构中有 4 部分基本电容：C_{1x}、C_{2x}、C_{1y}、C_{2y} 分别与定子（$i=1$）和质量块（$i=2$）在 X 和 Y 方向上的间隙有关。

其他尺寸分别为：驱动梳齿的长度 L_i、宽度和 B_i 和高度 H。在图 5.6 中所示参考系中质量块的初始位置由 4 个间隙 G_{ix} 和 G_{iy} 来定义。若用两个变量 x 和 y 表示质量块相对于定子的相对位移，则对应上述 4 部分电容的表达式为

$$C_{1x} = \frac{\varepsilon\varepsilon_0 B_1 H}{G_{1x} - x}, C_{2x} = \frac{\varepsilon\varepsilon_0 B_2 H}{G_{2x} - x}$$
$$C_{1y} = \frac{\varepsilon\varepsilon_0 (L_0 + x) H}{G_{1y} + y}, C_{2y} = \frac{\varepsilon\varepsilon_0 (L_0 - x) H}{G_{2y} - y} \quad (5.9)$$

式中 L_0——定子与移动块初始的重叠长度，$L_0 = L_2 - G_{1x} = L_1 - G_{2x}$，

定子与移动块之间的总电容为 4 部分的和：

$$C(x,y) = C_{1x} + C_{2x} + C_{1y} + C_{2y}$$
$$= n\varepsilon\varepsilon_0 H\left(\frac{B_1}{G_{1x} - x} + \frac{B_2}{G_{2x} - x} + \frac{L_0 + x}{G_{1y} + y} + \frac{L_0 + x}{G_{2y} - y}\right) \quad (5.10)$$

式中　　n——梳状驱动器中梳齿的总数。

由式(5.10)可知,驱动器的电容值与位移不再呈线性关系,容值关于 x、y 方向位移的变化如图 5.7 所示。

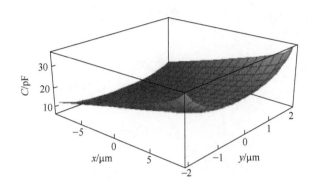

图 5.7　电容值关于 (x,y) 的函数图像

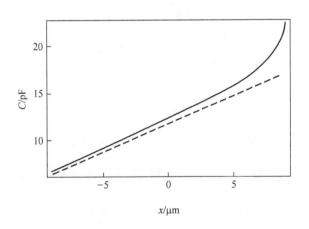

图 5.8　梳状驱动器的电容
(实线:非线性实际值,虚线:忽略尖端宽度近似值)

从图 5.7 中可以发现,当沿 x 方向或 y 方向产生一个较大的位移时,电容值产生非线性变化,具体变化方式由式(5.10)给出。图 5.8

为图 5.7 中图形沿 x 轴方向的截面。其中,虚线对应"线性"电容变化,式(5.10)中忽略了尖端宽度 B_1、B_2(视为 0)。如图 5.8 中所示,"线性"电容近似值与实际值明显不同。

基于式(5.10),对称梳状驱动器的电容 C_1 和 C_2 在式(5.1)中的表达式为

$$\begin{cases} C_1(x,y) = C(x,y) \\ C_2(x,y) = C(-x,y) \end{cases} \tag{5.11}$$

因此,式(5.1)的导数为

$$\begin{cases} \dfrac{dC_1}{dx} = Hn\varepsilon\varepsilon_0 \left[\dfrac{B_1}{(G_{1x}-x)^2} + \dfrac{B_2}{(G_{2x}-x)^2} + \dfrac{1}{G_{1y}+y} + \dfrac{1}{G_{2y}-y} \right] \\ \dfrac{dC_2}{dx} = -Hn\varepsilon\varepsilon_0 \left[\dfrac{B_1}{(G_{1x}+x)^2} + \dfrac{B_2}{(G_{2x}+x)^2} + \dfrac{1}{G_{1y}+y} + \dfrac{1}{G_{2y}-y} \right] \end{cases}$$

$$\tag{5.12}$$

由式(5.12)可知,x 轴方向上的位移也会引起 y 轴方向上力的变化。尤其在某些应用情况下,例如带有双折叠式质量块支撑的梳状驱动微型机械陀螺仪,这种变化会产生明显的误差。

此外,应当注意到,在表达式(5.11)中没有出现重叠长度 L_0。这说明驱动力与重叠长度无关,但 L_0 仍旧存在于其导数式(5.12)中,从这个角度看,引入重叠长度减小了主振动对正交质量块运动的影响。

再来关注非线性电容梳状驱动器在 x 轴方向上的力。当 x 轴方向

产生微小位移时,可以通过线性相关性来近似式(5.11)中的导数:

$$\begin{cases} \dfrac{dC_1}{dx} \approx nH\varepsilon\varepsilon_0(a_0 + a_1 x) \\ \dfrac{dC_2}{dx} \approx -nH\varepsilon\varepsilon_0(a_0 - a_1 x) \end{cases} \quad (5.13)$$

其中:a_0、a_1 如下:

$$a_0 = \frac{B_1}{G_{1x}^2} + \frac{B_2}{G_{2x}^2} + \frac{1}{G_{1y} + y} + \frac{1}{G_{2y} - y}$$

$$a_1 = 2\left(\frac{B_1}{G_{1x}^3} + \frac{B_2}{G_{2x}^3}\right)$$

因此,由式(5.1)和式(5.13)可知,谐波驱动作用于质量块的力为

$$F_x = \frac{nHV^2\varepsilon\varepsilon_0}{2}\{(a_0 + a_1 x)[\delta V - \sin(\omega t + \varphi)]^2 - (a_0 - a_1 x)[\delta V - \sin(\omega t)]^2\} \quad (5.14)$$

非线性梳状驱动器的效率分析结果与上述分析相似。

图 5.9 中的图形说明了近似表达式(5.13)与精确表达式(5.11)能够准确表达两个梳状驱动器的电容导数的和。

应当注意,对于较小的位移,线性近似的容值导数精度相当有限。与之对应,相同的相移存在两种最优模式。此时的驱动力分别为"偏置"模式:

$$F_x = nHV^2\varepsilon\varepsilon_0\{2a_0\delta V\sin(\omega t) + a_1[\delta V^2 + \sin^2(\omega t)]x\}$$

$$(5.15)$$

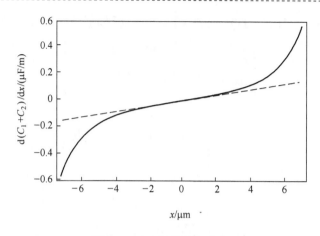

图 5.9 电容导数近似曲线
(实线:非线性导数,虚线:线性近似导数)

"接地"模式:

$$F_x = \frac{nHV^2\varepsilon\varepsilon_0}{2}[a_1 x + a_0\cos(2\omega t)] \quad (5.16)$$

需要指出的是,如果"偏置"模式驱动的偏置电压 δV 较大,则电容的非线性会导致陀螺的固有频率产生明显的漂移,在某些条件下使用的过程中无法被忽略。为了减少非线性的影响,需要在 x 轴方向上增加与位移同等量级的间隙。

使用位移 x 线性表示的驱动力其实会使主振型的固有频率发生变化。由式(5.16)中给出的"接地"模式驱动力表示,固有频率会发生恒定速率的漂移:

$$k_* = \sqrt{k^2 - \frac{nHV^2\varepsilon\varepsilon_0 a_1}{2m}} \quad (5.17)$$

式中 k ——与弹性支撑弹性系数相关的初始固有频率;

m —— 敏感元件质量。

接地模式下作用于灵敏元件上的实际驱动力如图 5.10 所示。

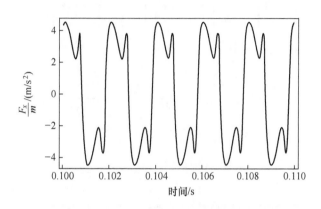

图 5.10 "接地"模式下作用于敏感元件的实际驱动力

以"偏置"模式驱动力式(5.15)驱动的时候,固有频率会随时间变化:

$$k_* = \left\{ k^2 - \frac{nHV^2\varepsilon\varepsilon_0 a_1}{m}[\delta V^2 + \sin^2(\omega t)] \right\}^{\frac{1}{2}} \quad (5.18)$$

"偏置"模式下具有显著非线性特征的实际驱动力如图 5.11 所示。

虽然图 5.10 和图 5.11 中的驱动力图形与谐波相去甚远,但当其作用于敏感元件的弹簧-质量-阻尼系统后,与谐波驱动产生的振动相差不大,这是由振荡器自身的滤波特性引起的。但如果想要达到接近理想的谐波驱动,则梳状驱动器梳齿之间的间隙 G_{ix} 必须比预期的主振动幅值大 3~5 倍,且驱动频率必须根据式(5.17)和式(5.18)进行调整。

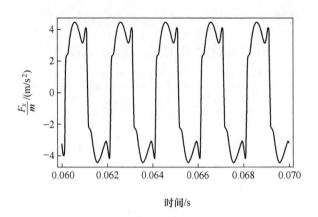

图 5.11 "偏置"模式下作用于敏感元件的实际驱动力

本节建立了基于梳状驱动器的驱动系统数学模型,不需要长时间的数值仿真便可对微机械陀螺进行动力学分析。

5.2 标度因数及其线性度

在讨论了如何向敏感元件的主振动提供谐波驱动之后,再来关注次振动特性对测量性能的影响。当主振动稳定且幅度恒定时,提供一个载波信号,该载波信号将被外部角速率调制以产生次振动。由式(3.15)可知,次振动的振幅关于角速率的函数为

$$A_{20} = \frac{g_2 q_{10} \delta \omega}{|\Delta|} \delta \Omega \qquad (5.19)$$

其中,分母的平方为

$$|\Delta|^2 = k^8[(1 - d_1\delta\Omega^2 - \delta\omega^2)(\delta k^2 - d_2\delta\Omega^2 - \delta\omega^2) -$$

$$\delta\omega^2(g_1g_2\delta\Omega^2 + 4\zeta_1\zeta_2\delta k)]^2 +$$

$$4k^8\delta\omega^2[\zeta_1(\delta k^2 - d_2\delta\Omega^2 - \delta\omega^2) + \zeta_2\delta k(1 - d_1\delta\Omega^2 - \delta\omega^2)]^2$$

需要注意的是,次振动的振幅 A_{20} 实际上并非与角速率呈线性关系,在 $|\Delta|$ 中也存在角速率项。但是对于微小的角速率来说,其非线性可以忽略不计,而当角速率较大时测量范围就会受到限制。图 5.12 显示了次振动振幅与角速率的函数关系。($k = 1\text{Hz}, \zeta_1 = \zeta_2 = 0.025$, $\delta k = 1, \delta\omega = 1$)

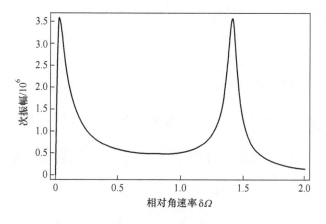

图 5.12 次振动振幅与角速率的函数关系

图 5.12 中所示的角速率范围很宽,并无实际意义(应注意角速率是无量纲的,且与主振动固有频率相关)。但图 5.12 仍旧揭示了这种非线性关系。显然,只有当角速率很小时,次振动振幅随角速率的变化才可以视为线性的。如图 5.13 所示。

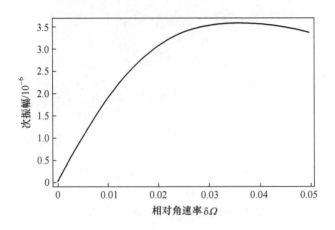

图 5.13 次振动关于小角速率的函数

要制造一个符合标准的角速率传感器,应使这个关系尽量趋近线性。在理想情况下,它与外部角速率的关系为

$$A_{20}^* = S_\Omega \cdot \Omega \qquad (5.20)$$

式中　A_{20}^*——理想的 CVG 输出;

　　　S_Ω——标度因数,关联着外界角速率与次振动振幅,是一个仅与敏感元件本身有关的设计参数,且为一常数。

由式(5.19)可知,实际中标度因数同样依赖角速率。

理想的标度因数可以由式(5.19)计算得出,当角速率趋于 0 时,标度因数可表示为次振动振幅与角速率实际依赖关系的正切值:

$$S_\Omega = \frac{\partial A_{20}}{\partial \Omega}\bigg|_{\Omega \to 0}$$

$$= \frac{g_2 q_{10} \delta\omega}{k^3 \sqrt{[(1-\delta\omega^2)^2 + 4\zeta_1^2 \delta\omega^2][(\delta k^2 - \delta\omega^2)^2 + 4\zeta_2^2 \delta\omega^2 \delta k^2]}}$$

$$(5.21)$$

标度因数式(5.21)描述了 CVG 敏感角速率的特性。标度因数越大,CVG 对角速率越敏感。对式(5.21)进行分析,标度因数的大小取决于固有频率比 δk 和相对驱动频率 $\delta \omega$ 等敏感元件参数。标度因数与这些参数之间的关系如图 5.14 所示。图中的颜色越浅,对应的标度因数就越大。显然,当所有参数完全匹配时,如 $\delta k = 1$ 和 $\delta \omega = 1$,标度因数取得最大值。

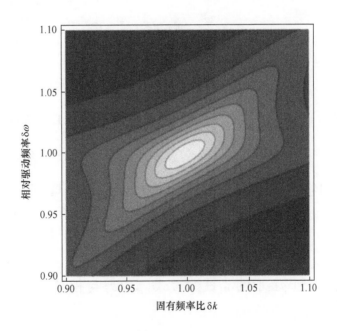

图 5.14　CVG 标度因数与设计参数之间的关系

在图 5.14 中能够看出,标度因数对 $\delta \omega = 1$ 和 $\delta k = \delta \omega$ 两个方向上的参数变化相对不敏感,沿这两个方向的截面如图 5.15 所示。

此外,应考虑式(5.21)的分母中包含主振动固有频率 k 的三次方,容易看出,只有尽可能降低主振动的固有频率,才能获得更高的灵

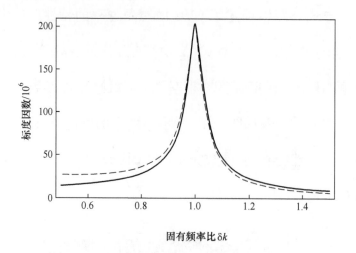

图 5.15　标度因数关于固有频率比 δω 的函数
(实线:δω = 1,虚线:δk = δω)

敏度。另一方面如图 5.13 所示,由于非线性关系,主振动固有频率降低也会导致测量范围缩小。

为了更好地说明标度因数的非线性,引入一个无量纲非线性参数 L:

$$L = 1 - \frac{A_{20}}{A_{20}^*} \quad (5.22)$$

用百分比形式表示的非线性 L 式(5.22)与相对角速率的函数关系如图 5.16 所示。

可以找到某一个角速率值,使其对应的非线性式(5.22)为测量中能够接受的极限,可以用以下近似表达式来计算这个相对角速率:

$$\delta\Omega^* = \left\{\frac{L_0[(\delta k^2 - \delta\omega^2)^2 + 4\delta k^2\delta\omega^2\zeta_2^2] \cdot [(1-\delta\omega^2)^2 + 4\delta\omega^2\zeta_1^2]}{(\delta\omega^2 - 1)D_0 + 4\delta\omega^2[g_1 g_2 \delta k \delta\omega^2 \zeta_1 \zeta_2 - d_1\zeta_1^2(\delta k^2 - \delta\omega^2)]}\right\}^{\frac{1}{2}}$$

$$(5.23)$$

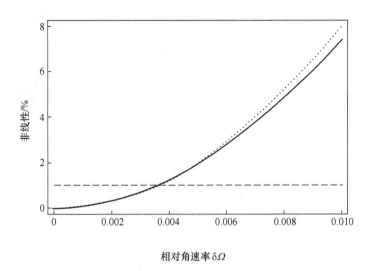

图 5.16 CVG 非线性与相对角速率的函数图像
(实线:非线性曲线,点状线:非线性曲线近似值,虚线:1%非线性参考线)

式中 L_0——可接受的极限非线性值;

$$D_0 = (\delta k^2 - \delta\omega^2)[d_1 + d_2\delta k^2 - (d_1 + d_2 - g_1g_2)\delta\omega^2] + 4d_2\delta k^2\delta\omega^2\zeta_2^2。$$

如果驱动频率为主振动的固有频率,则表达式(5.23)可以进一步简化,例如当 $\delta\omega = 1$ 时,有

$$\delta\Omega^* = \left\{\frac{L_0\zeta_2[1 + \delta k^4 - 2\delta k^2(1 - 2\zeta_1^2)]}{g_1g_2\delta k\zeta_1 - d_1\zeta_2(\delta k^2 - 1)}\right\}^{\frac{1}{2}} \quad (5.24)$$

因此,当在测量范围内选择了一个能够接受的非线性水平时,可以通过式(5.23)或式(5.24)来计算主振动固有频率的最小值:

$$k_{\min} = \frac{\Omega_{\max}}{\delta\Omega^*} \quad (5.25)$$

例如,如果 $L_\Omega = 0.01(1\%)$ 且 $\Omega_{max} = 1\text{Hz}$ 时,主振动的固有频率最小值为 $k_{min} \approx 281\text{Hz}$。这个值相对较低,说明实际上其下限由其他的因素决定,且由于更高的主振动频率会导致 CVG 敏感元件的灵敏度降低,所以应使其尽量小。

5.3 分辨率与动态范围

目前,有很多技术都能够实现质量块次振动位移的检测,其方式包括电容式、压阻式、压电式、磁感应式、光学原理等,在微机械装置中电容式位移检测是最容易实现的,应用也最广泛。

如果我们通过电容值方式检测次振动,科里奥利力振动陀螺仪的分辨率可以由系统能检测到的电容值的最小变化量来描述。将电容值最小变化量写作 ΔC_{min},由于电容 C 是关于质量块位移 x 的函数,则有

$$C(x) - C(0) + \frac{\partial C(0)}{\partial x}x + O(x^2)$$

对于次振动来说,其位移 x 很小,所以可以忽略上式中的 $O(x^2)$ 项,此时电容变化的函数可以写为

$$\Delta C(x) = C(x) - C(0) \approx \frac{dC(0)}{dx}x \tag{5.26}$$

在电容差分测量方式中,电容的变化量表示为两个分别测量的电

容值 C_1 和 C_2 的差值:

$$\Delta C(x) = C_1(x) - C_2(0) \approx 2\frac{dC(0)}{dx}x \tag{5.27}$$

在差分测量式(5.27)中,由于质量块位移导致的两平行电极板重合区域发生变化,进而导致电容值发生变化,可以表示为

$$\Delta C = \frac{\varepsilon\varepsilon_0 S}{x_0 - x} - \frac{\varepsilon\varepsilon_0 S}{x_0 + x} \approx 2\frac{\varepsilon\varepsilon_0 S}{x_0^2}x \tag{5.28}$$

式中　x_0——电极间的初始间隙;

　　　x——电极的位移;

　　　S——重合区域面积;

　　　ε——质量块所处环境的相对介电常数;

　　　ε_0——真空的绝对介电常数。

由于角速率 $\Delta\Omega$ 变化引起的电极位移可以表示为

$$x = r_0 S_\Omega \Delta\Omega \tag{5.29}$$

其中,S_Ω 由式(5.21)确定,r_0 为敏感元件旋转轴到电极中心的距离,也作为敏感元件的平移单位。

结合式(5.28)和式(5.29),可以得出单一质量微机械振动陀螺仪的分辨率为

$$\Delta\Omega_{\min} = \frac{\Delta C_{\min} k^3 \sqrt{[(\delta k^2 - \delta\omega^2)^2 + 4\delta k^2 \delta\omega^2 \zeta_2^2][(1-\delta\omega^2)^2 + 4\delta\omega^2 \zeta_1^2]}}{2\dfrac{dC(0)}{dx} r_0 g_1 q_2 \delta\omega}$$

$$\tag{5.30}$$

其中,最高的分辨率对应最小角速率。需注意式(5.30)表示通过电容差分读出的分辨率。此外,同样的流程能够应用于任何使用表达式(5.21)的标度因数读出规则。从设计学角度来看,由式(5.30)给出的分辨率与敏感元件的动力学方程有关。但是陀螺仪的真实分辨率不会优于由敏感元件动力学分析而得出的分辨率,而且受到噪声影响后,分辨率会变得更差。

由于分辨率与测量范围息息相关,仅分辨率一项参数无法向用户准确地描述CVG陀螺的测量能力。在不同的测量范围内,相同的分辨率对应的陀螺性能完全不同。所以业界广泛采用"动态范围"来描述传感器的测量能力,对于角速率传感器,动态范围的定义如下:

$$R = 20 \lg \frac{\Omega_{\max} - \Delta\Omega_{\min}}{\Delta\Omega_{\min}} \quad (5.31)$$

其中,动态范围 R 的单位为 dB,$\Delta\Omega_{\min}$ 由式(5.30)给出,假设传感器阈值等同于其分辨率,$\Omega_{\max}$ 为误差可接受范围内角速率的最大值,其值可由式(5.25)计算得到:

$$\Omega_{\max} = \delta\Omega^{*}k \quad (5.32)$$

其中,k 为主振动的固有频率。图5.17显示了动态范围关于主振动固有频率的函数曲线。

从图5.17中可以看出,主振动固有频率越低,CVG的动态范围就越高。即对于合理的动态范围,即使没有真空封装,也可以设计出相应

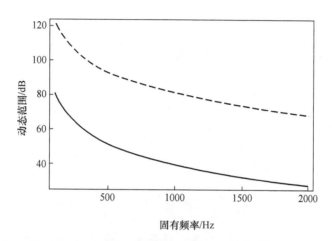

图 5.17 动态范围关于主振动固有频率的函数
(实线：$\zeta_1 = \zeta_2 = 0.025$，虚线：$\zeta_1 = \zeta_2 = 0.0025, \delta_\omega = \delta_k = 1$)

的敏感元件(图 5.17 中的实线)。

尽管如此，微机械 CVG 仍然被视为低精度角速率传感器。原因在于使用微加工技术制造陀螺仪，以及使用普通手段研发"微型"传感器这种方法。当设计者尝试研发一种"微机械"陀螺仪时，与传统的角速率传感器相比，其尺寸通常会被设计得非常小。在每个轴向上，敏感元件的总体尺寸在 100~5000μm。因此其主振动的固有频率通常为 5~100kHz。即使对生产角速率测量器件品质要求不高，也需要性能极高的真空封装。此外，如果想要设计一个主振动频率较低的陀螺仪，则需要很大的质量块以及长且纤细的弹性支撑弹簧。如果使用微加工技术，特别是考虑到制造过程中会有较大的相对公差，其制造过程会变得十分复杂。

5.4 偏　　差

微机械陀螺仪中的偏差可能来自许多不同因素。

首先考虑与敏感元件及其动力学有关的偏差来源。其中一个是在驱动频率下的振动，而其他频率的振动干扰很小而且可以滤除。对于平动陀螺仪来说，只有平动振动会有影响；同样对于转动陀螺仪，只有角振动会产生影响。因此，在工作频率下振动时，敏感元件的运动方程为

$$\begin{cases} \ddot{x}_1 + 2\zeta_1\omega_1\dot{x}_1 + (\omega_1^2 - d_1\Omega_3^2)x_1 + g_1\Omega_3\dot{x}_2 = q_1(t) + w_1(t) \\ \ddot{x}_2 + 2\zeta_2\omega_2\dot{x}_2 + (\omega_2^2 - d_2\Omega_3^2)x_2 - g_2\Omega_3\dot{x}_1 = w_2(t) \end{cases}$$

(5.33)

式中　$w_1(t)$、$w_2(t)$——相对于参考系统运动的两部分加速度。

用 $w_i = w_{i0}\cos(\omega t)$ 代表速度，可以得到无量纲形式次振动振幅的解：

$$A_{W2} = \frac{g_2 q_1 \delta\omega\delta\Omega + \sqrt{w_{20}^2(1-\delta\Omega^2-\delta\omega^2)^2 + \delta\omega^2(2\zeta_1 w_{20} + g_2\delta\Omega w_{10})^2}}{k^2\Delta}$$

(5.34)

如果从振幅中剔除由式(5.19)得到的次振动振幅 A_{20}，则可得驱

动频率下振动引起的相对误差为

$$\delta A_W = \frac{A_{W2} - A_{20}}{A_{20}}$$

$$= \frac{\sqrt{w_{20}^2(1 - d_1\delta\Omega^2 - \delta\omega^2)^2 + \delta\omega^2(2\zeta_1 w_{20} + g_2\delta\Omega w_{10})^2}}{g_2 q_1 \delta\omega\delta\Omega}$$

(5.35)

可以注意到,由振动引起的相对误差并不是取决于固有频率之间的比例,而是取决于相对驱动频率,其关系如图 5.18 所示。

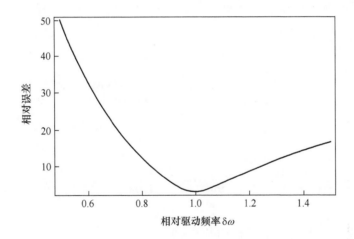

图 5.18 振动中的典型误差与相对驱动频率间的函数关系
($\zeta_1 = \zeta_2 = 0.025, q_{10} = w_1 = w_2 = 10, \delta\Omega = 0.01$)

容易证明,在驱动频率下该误差的最小值为以下方程的解:

$$1 - \delta\omega^2 - d_2\delta\Omega^2 = 0 \Rightarrow \delta\omega = \sqrt{1 - d_2\delta\Omega^2} \approx 1 \quad (5.36)$$

该结果也证明了以其固有频率驱动主振动效果更好。

弹性轴和读出轴之间的失准是另一个偏差来源。这是敏感元件转化中最典型的情况。在这种情况下其线性化运动方程如下：

$$\begin{cases} \ddot{x}_1 + 2\zeta_1\omega_1\dot{x}_1 + (\omega_1^2 - d_1\Omega^2)x_1 + g_1\Omega\dot{x}_2 - 2\theta\Delta\omega_1^2 x_2 = q_1(t) \\ \ddot{x}_2 + 2\zeta_2\omega_2\dot{x}_2 + (\omega_2^2 - d_2\Omega^2)x_2 - g_2\Omega\dot{x}_1 + 2\theta\Delta\omega_2^2 x_1 = 0 \end{cases}$$

(5.37)

其中，θ 为失准角；$\Delta\omega_2^2 = (k_2 - k_1)/2M_2$，$\Delta\omega_1^2 = (k_1 - k_2)/2M_1$，这里 k_1 和 k_2 分别对应主振动和次振动的刚度系数，M_1 和 M_2 为惯性系数，在平动中 $M_1 = m_1 + m_2$，$M_2 = m_2$，在转动中 $M_1 = I_{11} + I_{22}$，$M_2 = I_{22}$。此时次振动的幅值为

$$A_{20} = \frac{q_{10}\sqrt{g_2^2\delta\omega^2\delta\Omega^2 + 4\theta^2\delta\Delta\omega_2^4}}{\omega_0^2\Delta_\theta} \quad (5.38)$$

其中

$$\Delta_\theta^2 = [(\delta k^2 - d_2\delta\Omega^2 - \delta\omega^2)(1 - d_1\delta\Omega^2 - \delta\omega^2) - \delta\omega^2(4\delta k\zeta_1\zeta_2 + g_1 g_2\delta\Omega^2)]^2 + 4\delta\omega^2[\delta k\zeta_2(1 - d_1\delta\Omega^2 - \delta\omega^2) + \zeta_1(\delta k^2 - d_2\delta\Omega^2 - \delta\omega^2) - 2\delta\Omega\theta(\delta\Delta\omega_1^2 + \delta\Delta\omega_2^2)]^2$$

很明显如果 θ 是 0，就没有因为失准而产生的偏差。此外，在下面的情况下偏差也不会出现：

$$\Delta\omega_2^2 = \frac{k_1 - k_2}{2m_2} = 0 \Rightarrow k_1 = k_2 \qquad (5.39)$$

式中　k_i ——弹性支撑的刚度系数；

　　　m_1 ——次振动的等效质量。

此外,可以将振幅式(5.39)表示为两个分量的和,一个是由角速率引起的,另一个是由失准引起的。在这种情况下,我们可以通过失准来确定相对误差：

$$\delta A_\theta = \frac{A_\theta}{A_{20}} = \frac{\theta^2 \delta \Delta\omega_2^4}{g_2 \delta\omega^2 \delta\Omega^2} \quad (\Omega \neq 0) \qquad (5.40)$$

此外,可以通过确定一个可接受范围内的失准角 $\theta_{\max}$,来对应给出一个可接受范围内的相对偏差 $\delta\Omega_{\max}$,并且在不旋转的条件下有

$$\theta_{\max} = \frac{\delta\Omega_{\max}\delta\omega}{\delta\Delta\omega_2^2} \qquad (5.41)$$

式(5.41)给出了当偏差确定时的失准角。该数值可用于偏差补偿算法。如果能获得在工作频率运行时的外部加速度信息,则可以通过式(5.35)对偏差进行补偿。

第6章将介绍一种利用信号处理的方式,补偿由弹性和阻尼交叉耦合引起偏差的普遍方法。

5.5　动态误差和带宽

根据定义,动态误差是角速率测量中,由于角速率随时间变化而产

生的误差。为了简化动态误差分析，通常假设角速率是某次谐波，如以频率 k 随时间振荡。CVG 的动态误差可以定义为该谐波角速率的幅值和相位响应，其表达式在第 4 章中完成了推导：

$$\begin{cases} A(\lambda) = \dfrac{q_{10}(d_4\lambda + g_2\omega)}{\sqrt{[(\omega_2^2 - (\lambda+\omega)^2)^2 + 4\zeta_2^2\omega_2^2(\lambda+\omega)^2][(\omega_1^2-\omega^2)^2 + 4\zeta_1^2\omega_1^2\omega^2]}} \\ \varphi(\lambda) = \arctan\left\{\dfrac{[\omega_2^2-(\lambda+\omega)^2][\omega_1^2-\omega^2]-4\omega_1\omega_2\zeta_1\zeta_2\omega(\lambda+\omega)}{2[\omega_2\zeta_2(\lambda+\omega)(\omega_1^2-\omega^2)+\omega_1\zeta_1\omega(\omega_2^2-(\lambda+\omega)^2)]}\right\} \end{cases}$$

(5.42)

在理想情况下，谐波角速率的次振动的振幅和相位必须等于一个常数。这样就可以定义振幅和相位的动态误差如下：

$$\begin{cases} E_A = \dfrac{A(\delta\lambda)}{A(0)} \\ E_\varphi = \dfrac{\varphi(\delta\lambda)}{\varphi(0)} \end{cases}$$

(5.43)

式中　$\delta\lambda = \lambda/\omega_1$——角速率振荡的相对频率。

误差式(5.43)无量纲且在理想情况下等于1。更重要的是，动态误差允许将 CVG 的重要性能指标——带宽——定义为角速率频率的范围，且动态误差应在给定的容忍范围内。

首先关注相位动态误差。除了相对的角速率的频率、相位动态误差取决于一系列敏感元件的设计参数，包括相对驱动频率 $\delta\omega = \omega/\omega_1$，固有频率比 $\delta k = \omega_2/\omega_1$，相对阻尼比 $\delta\zeta = \zeta_1/\zeta_2$ 以及主振动阻尼系数

$\zeta = \zeta_1$。

如前所述,以主振动的固有频率($\delta\omega = 1$)驱动敏感元件是有利的。在这种情况下,不同主振动阻尼系数对应的相位动态误差如图 5.19 所示。

从图 5.19 中可以看出,阻尼系数最好为 0,即使是少量阻尼的存在也会显著增加相位动态误差;但相对地,增加阻尼会使误差接近理想情况。

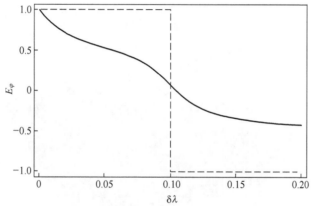

图 5.19 相位动态误差
(实线:$\zeta = 0.02$,虚线:$\zeta = 0, \delta k = 1.1, \delta\omega = 1, \delta\zeta = 1$)

接下来关注振幅动态误差。将幅值由式(5.42)代入式(5.43)得到幅值动态误差表达式:

$$E_A(\delta\lambda) = \{(\delta\lambda + g_2\delta\omega)[(\delta k^2 - \delta\omega^2)^2 + 4\delta k^2 \zeta^2 \delta\zeta^2 \delta\omega^2]^{1/2} \times$$
$$[(1-\delta\omega^2)^2 + 4\zeta^2\delta\omega^2]^{1/2}\}/\{g_2\delta\omega[(\delta k^2 - (\delta\lambda+\delta\omega)^2)^2 +$$
$$4\delta k^2 \zeta^2 \delta\zeta^2 (\delta\lambda+\delta\omega)^2]^{1/2}[(1-(\delta\lambda+\delta\omega)^2)^2 +$$
$$4\zeta^2(\delta\lambda+\delta\omega)^2]^{1/2}\} \quad (5.44)$$

注意由式(5.44)所示的振幅动态误差,不显示依赖主振动固有频率。由于式(5.21)标度因数的分母中含有 k^3 项,若需要更大的 CVG 灵敏度则应使主振动的固有频率尽量小。所提供的传感器带宽,须要求在该带宽内保持振幅动态误差尽可能低(理想情况下等于 1)。图 5.20 显示了幅值动态误差关于主振动阻尼系数 ζ 和角速率相对频率的函数曲线图。

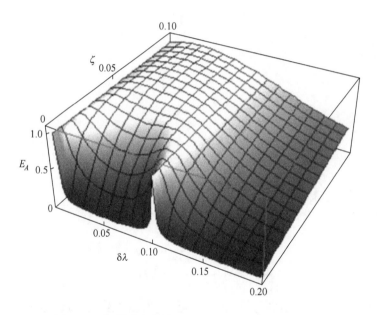

图 5.20　幅值动态误差 ($\delta k = 1.1, \delta\omega = 1, \delta\zeta = 1$)

从图 5.20 中可以看出,即使角速率很小,减小阻尼也会导致动态误差变得很大;而增大阻尼会使峰值之间的下降变小,减小动态误差。

图 5.20 中沿频率轴方向,振幅动态误差有两个极大值和一个局部极小值,在低阻尼的情况下十分清晰。这些特殊的位置可以由

式(5.45)得到:

$$\frac{\mathrm{d}}{\mathrm{d}(\delta\lambda)}E_A(\delta\lambda)=0 \qquad (5.45)$$

式(5.45)通解的求得十分困难。当阻尼为0时,可对该式进行简化,此时其解为

$$(\delta\lambda+\delta\omega)[1+\delta k^2-2(\delta\lambda+\delta\omega)^2]$$

$$[\delta k^2-(\delta\lambda+\delta\omega)^2][(\delta\lambda+\delta\omega)^2-1]=0 \qquad (5.46)$$

式(5.46)的3个正根为

$$\begin{cases}\delta\lambda_1=1-\delta\omega\\ \delta\lambda_2=\sqrt{\dfrac{1+\delta k^2}{2}}-\delta\omega\\ \delta\lambda_3=\delta k-\delta\omega\end{cases} \qquad (5.47)$$

其中,第一个根和第三个根对应极大值,第二个根对应极小值。

一般情况下,在式(5.47)给出的3个极限角速率频率处,提高带宽意味着提供相同的理想水平的振幅动态误差。

振幅动态误差在第2个极大值($\delta\lambda_3$)处可由阻尼比$\delta\zeta$决定,条件为式(5.48)的解:

$$E_A(\delta\lambda_3)=1 \qquad (5.48)$$

若$\delta\omega=1$,式(5.48)的正解为

$$\delta\zeta = (\delta k^2 - 1)(\delta k + g_2 - 1)/\delta k[g_2^2(\delta k^2 + \delta k^6 -$$
$$4\zeta^2 + 2\delta k^4(2\zeta^2 - 1)) - 4\zeta^2(\delta k - 1)^2 - 8g_2\zeta^2(\delta k - 1)]^{1/2}$$

(5.49)

下一步找到阻尼 ζ 以满足：

$$E_A(\delta\lambda_2) = 1 \qquad (5.50)$$

其中，$\delta\zeta$ 由式(5.49)给出。此时式(5.50)将只与固有频率比和未知阻尼 ζ 有关。式(5.50)的完整表达式太过冗杂不方便在这里表示，但其在数值上求解十分简单。图5.21 为幅值动态误差随阻尼 ζ 和最佳阻尼比变化的曲线图。

例如，对应 $\delta k = 1.05$ 的最佳阻尼参数为 $\zeta = 0.018, \delta\zeta = 0.921$。这种情况下的振幅动态误差如图 5.22 所示。

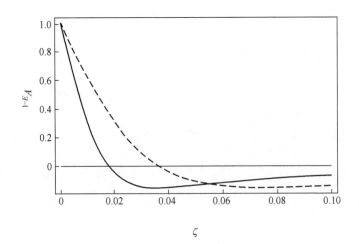

图 5.21 最小动态误差阻尼
(实线：$\delta k = 1.05$，虚线：$\delta k = 1.1$)

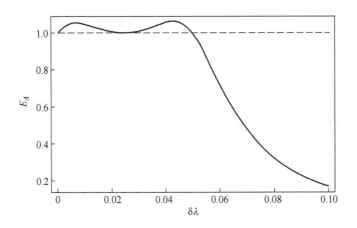

图 5.22 优化后的振幅动态误差

还应注意的是，如果式(5.48)和式(5.50)中动态误差的目标水平使用 $1-e$ 代替 e，则振幅动态误差水平还可以进一步提高。其中 e 是动态误差的可接受值(动态误差容忍度)。

基于上述对 CVG 的动态误差分析，要获得理想的带宽，不仅需要更优的固有频率比，因为其会改变式(5.47)中第二个峰的位置，还需要更理想的主振动和次振动阻尼参数。

为了提供必要的带宽，可以根据幅值响应中第二个极大值的位置来选择固有频率比：

$$\delta k = \delta \lambda_* + \delta \omega \tag{5.51}$$

式中　$\delta \lambda_*$——所需带宽的无量纲参数，其与主振动的固有频率相关。

通过式(5.51)可计算出固有频率比，并用计算主振动所需的阻尼。对于一些经过简化的情况,可以通过数值法甚至解析法来计算所需阻尼。现在已经计算出适当的频率比和主振动阻尼,接下来使用阻尼比式(5.49)计算相应的次振动阻尼。

实际情况中,为 CVG 提供相应的阻尼并不容易,可以通过对主振动和从振动的闭环反馈控制,创建"电气阻尼"以获得期望的最优阻尼。

5.6 小　　结

本章主要讨论了计算、优化 CVG 性能的方案。

在 CVG 原型设计过程中需要不断探究与试错,根据相关参数直接计算选择敏感元件的参数总体优于通过其他消费更高的方案。目前来看,尚不存在一套完整固定的 CVG 元件设计流程。在提高某些性能的同时,往往会牺牲一些其他性能,需要在二者间找到平衡,此外能够对平衡的结果进行评估,有效优化设计过程。

第6章
信号处理与控制

科里奥利振动陀螺仪的性能不仅可以通过适当的敏感元件设计得到改善,而且可以通过后续的信号处理得到改善。通过静态或动态滤波,可以完全滤除或减少扰动;通过调制信号和解调信号的处理和控制,可以补偿模型良好的误差。在本章中,我们研究了不同的信号处理算法,旨在提高 CVG 的性能。

6.1 科里奥利振动陀螺仪中的工艺和传感器噪声

CVG 的性能会受到两种不受控的随机因素影响:一种是添加到系统输出的"传感器噪声",另一种是添加到系统输入的"过程噪声"或扰动。后者也可以视为"类速率"扰动。图 6.1 显示了这两种噪声如何影响 CVG 系统。

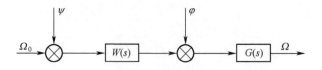

图 6.1 在 CVG 中的传感器和过程噪声

这里 $W(s)$ 表示 CVG 敏感元件动力学的系统传递函数,在前面的第 4 章中详细研究过:

$$W(s) = \frac{k\zeta}{s + k\zeta} \quad (6.1)$$

式中 $G(s)$——一些滤波器,用来提升 CVG 性能;

ψ——随机扰动;

φ——传感器噪声;

Ω_0——实际角速率;

Ω——CVG 测量的角速率。

传感器和过程噪声属于不同类型的随机过程,通常根据其功率谱密度来建模。其中一种应用最广泛的模型是高斯白噪声模型,它在拉普拉斯域中用恒定功率谱密度表示:

$$S_w(s) = \sigma^2 \quad (6.2)$$

这个随机过程的均值为零,标准差是 σ。在后面的推导中,为了将噪声功率与角速率的功率联系起来,可以将噪声-信号比 γ 添加到式(6.2)中:

$$S_w(s) = \gamma^2\sigma^2 \tag{6.3}$$

另一种广泛使用的噪声模型是布朗噪声或随机游走噪声,它被定义为白噪声的积分。其功率谱密度为

$$S_b(s) = \frac{\gamma^2\sigma^2}{-s^2} \tag{6.4}$$

当噪声只在一定带宽内存在时,可以用下面的低通谱密度来建模:

$$S_l(s) = \frac{\gamma^2\sigma^2 B^2}{B^2 - s^2} \tag{6.5}$$

式中 B——截止频率。

或者用它的互补高通谱密度来建模:

$$S_h(s) = -\frac{\gamma^2\sigma^2 s^2}{B^2 - s^2} \tag{6.6}$$

现在可以根据谱密度表达式(6.2)~式(6.6)来合成不同的滤波器,以减小噪声对 CVG 性能的影响。

6.2　传感器噪声优化滤波

在 CVG 中,有两种最优滤波方法可以用来减小传感器噪声的影响:一种是静态滤波,另一种是动态滤波。静态滤波方法中,系统传递函数不随时间变化,根据传递函数设计固定结构的滤波器。利用维纳方法可以导出最优静态滤波器。动态滤波方法则是反过来,是在微型

计算机上运行的一种算法,可以实时调整其参数或结构,以实现滤波性能最大化。一个应用实例是数字卡尔曼滤波器,可以有效地去除CVG中的传感器噪声。这两种滤波方法各有优缺点。例如,静态滤波不需要任何微型计算机,就可以在与敏感元件一起制造的专用集成电路(ASIC)中实现;而动态滤波可以提供更好的性能并且可以随时调整。

考虑一个静态滤波器附加到CVG系统的输出,如图6.2所示。

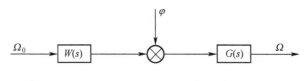

图6.2 静态传感器噪声滤波

其中$G(s)$是最优静态滤波器传递函数,从角速率Ω中过滤掉传感器噪声ϕ产生输出x。

维纳针对平稳的随机传感器噪声,开发了图6.2所示系统的最优滤波合成一般算法。

系统的误差定义为系统的实际输出Ω与理想输出之间的差值。理想输出由输入的期望变换$H(s)$给出。

$$\varepsilon = \Omega - H(s) \cdot \Omega_0 \qquad (6.7)$$

同时假定Ω和Ω_0这两个信号是中心随机过程(均值为零)。它们是根据系统的传递函数、输入角速率及传感器噪声的已知谱密度来定义的。假设系统的性能判据是以下形式:

$$J = E\{\varepsilon' \cdot \varepsilon\} = \frac{1}{j}\int_{-j\infty}^{j\infty} S_{\varepsilon\varepsilon}(s)\,\mathrm{d}s \qquad (6.8)$$

式中　$S_{\varepsilon\varepsilon}(s)$ ——误差的谱密度,可以由系统传递函数和信号谱密度计算出来,需要利用维纳-辛钦定理:

$$S_{\varepsilon\varepsilon}(s) = (GW - H)S_\Omega(W_* G_* - H_*) + (GW - H)S_{\varphi\Omega}G_* +$$

$$GS_{\Omega\varphi}(W_* G_* - H_*) + GS_\varphi G_* \qquad (6.9)$$

式中　"$*$"——复共轭;

$S_{\Omega\varphi}(S)$、$S_{\varphi\Omega}(s)$ ——输入角速率和叠加的噪声之间的交叉谱密度,一般假定该谱密度已知。

引入新的变量:

$$\begin{cases} D \cdot D_* = WS_\Omega W_* + WS_{\varphi\Omega} + S_{\Omega\varphi}W_* + S_\varphi \\ \Gamma \cdot \Gamma_* = R \\ G_0 = \Gamma \cdot G \cdot D \\ T = \Gamma \cdot H \cdot (S_\Omega W_* + S_{\varphi\Omega})D_*^{-1} \end{cases} \qquad (6.10)$$

将功率谱密度式(6.9)代入式(6.8),则性能判据式(6.8)相对于未知滤波器相关函数 G_0 的第一变量为

$$\delta J = \frac{1}{j}\int_{-j\infty}^{j\infty}[(G_0 - T)\delta G_0 + \delta G_{0*}(G_{0*} - T_*)]\mathrm{d}s$$

$$(6.11)$$

当第一变量式(6.11)变为零时,达到性能判据式(6.8)的最小值。显然,要达到最小值需满足:

$$G = \Gamma^{-1}(T_0 + T_+)D^{-1} \tag{6.12}$$

式中　T_0——函数 T 的整数部分;

　　　T_+——函数 T 只包含负实部极点(稳定极点)的部分,是维纳-霍普夫分离过程的结果。

利用最优解式(6.12),并假设角速率和传感器噪声都具有一定的谱密度,可以推导出相应的静态最优滤波器传递函数。

在使用 CVG 时,必须选择适当的角速率谱来描述可移动物体的动态特性。对于大多数可移动物体,可以使用以下低通谱密度:

$$S_\Omega(s) = \frac{\sigma^2 B^2}{B^2 - s^2} \tag{6.13}$$

式中　B——可移动物体的截止频率;

　　　σ——角速率的标准差。

简单起见,忽略角速率和噪声之间的交叉谱密度 $S_{\varphi\Omega}(s) = S_{\Omega\varphi}(s) = 0$。

若传感器噪声为白噪声,其谱密度为式(6.3),则利用式(6.12)推导出最优滤波器,其传递函数为

$$G(s) = \frac{[B\sqrt{1+\gamma^2}(s+\zeta k)]}{[\gamma s^2 + s\sqrt{\gamma(B^2\gamma + \zeta^2 k^2\gamma + 2\zeta kB\sqrt{1+\gamma^2})} + \zeta kB\sqrt{1+\gamma^2}]} \tag{6.14}$$

这里的传递函数式(6.14)已经被重整化(译者注:注意公式中的[ ]算符),以消除稳态误差。

若传感器噪声具有高通谱密度式(6.5),则最优滤波器传递函数为

$$G(s) = \frac{B(s + \zeta k)}{s^2 \gamma + s\sqrt{\zeta k \gamma (2B + \zeta k \gamma)} + B\zeta k} \quad (6.15)$$

根据传感器噪声最适合的模型,来确定使用滤波器式(6.14)或滤波器式(6.15)。

值得注意的是,最优滤波器式(6.14)和式(6.15)都是静态的,并且都可以用传递函数表示,这在低集成度的集成电路中使用简单的模拟器件很容易实现。与静态滤波相反,基于卡尔曼滤波算法的动态滤波需要使用一个微处理器,这在成本效率上可能不可行,而且不能提供足够小的高采样频率。

接下来对真实CVG进行数值模拟来研究得到的最优传感器噪声滤波器的性能。假设输入角速率是方波形式。"白色"传感器噪声滤波的数值模拟结果如图6.3所示。

仿真条件:$\gamma = 0.1$,角速率带宽 $B = 3$Hz。由图6.3可以观察到合成滤波器的良好性能,它能有效地去除传感器的白噪声。

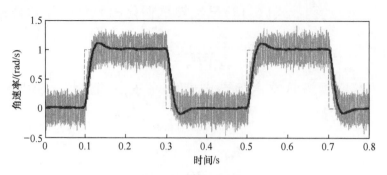

图 6.3　传感器噪声滤波仿真
(虚线:输入角速率,灰色线:噪声输出,黑线:滤波输出)

6.3　过程噪声最优滤波

虽然传感器噪声可以通过静态最优滤波和动态最优滤波有效去除,但去除过程噪声或类速率扰动则较为困难。扰动作用在 CVG 上的方式与未知的角速率相同,这使得它们基本上无法相互区分(图 6.4)。

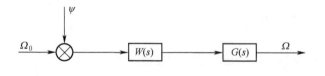

图 6.4　带有附加扰动的 CVG

在图 6.4 中,$W(s)$ 是系统传递函数,由式(6.1)给出,ψ 是过程噪声(随机干扰),Ω_0 是输入角速率,$G(s)$ 是有待开发的最优滤波器,Ω 是系统滤波后的输出角速率,在理想情况下等于 Ω_0。

要使由角速率产生的输出与由扰动 ψ 产生的输出分离开,一种方法是考察角速率和扰动的谱密度及额外信息。

例如,假设 CVG 安装在一个可移动载体上,例如飞机或陆地车辆,角速率的功率谱密度由式(6.13)给出。过程噪声可以假设为白噪声,其谱密度为式(6.3),也可以假设为高通随机过程,其谱密度为式(6.6)。显然,后者意味着可以更好地将扰动与角速率分离。

为了合成过程噪声最优滤波器,可以使用式(6.8)~式(6.12)所描述的维纳方法。此时图 6.2 中所示的传感器噪声 φ,是过程噪声 ψ 由 CVG 传递函数变换而来的:

$$\varphi(s) = W(s) \cdot \psi(s) \tag{6.16}$$

由式(6.16)给出的传感器噪声的功率谱密度可知,可以利用维纳-辛钦定理计算如下:

对于类白噪声扰动式(6.3)的情况,有

$$S_{\varphi\varphi}(s) = |W_\Omega(s)|^2 S_\psi(s) = \frac{\gamma^2 \sigma^2 k^2 \zeta^2}{-s^2 + k^2 \zeta^2} \tag{6.17}$$

对于高通扰动式(6.6)的情况,有

$$S_{\varphi\varphi}(s) = \frac{\gamma^2 \sigma^2 k^2 \zeta^2 s^2}{(-s^2 + k^2 \zeta^2)(-s^2 + B^2)} \tag{6.18}$$

在上述维纳方法的基础上,利用谱密度式(6.17)、式(6.18)以及角速率谱密度式(6.13),可以推导出最优滤波器。根据式(6.10)进行

变换后,对于白噪声扰动的最优滤波器为

$$G(s) = \frac{B\sqrt{1+\gamma^2}(s+\zeta k)}{\zeta k(\gamma s + B\sqrt{1+\gamma^2})} \quad (6.19)$$

对于高通扰动的最优滤波器为

$$G(s) = \frac{B(s+\zeta k)}{\zeta k(B+\gamma s)} \quad (6.20)$$

根据扰动最适合的模型,来确定使用滤波器式(6.19)或滤波器式(6.20)。

在白噪声扰动和恒定角速率情况下的滤波器式(6.19)的数值模拟结果如图 6.5 所示。

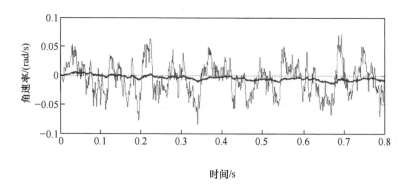

图 6.5　扰动滤波模拟
(细线:未滤波,粗线:经过滤波)

仿真条件:大扰动($\gamma = 1$),低带宽角速率($B = 0.5$Hz)。当角速率带宽增大时,对扰动的滤波效率会降低。

将滤波效率视为一个函数,角速率带宽 B 和噪声-信号比 γ 作为自变量。则函数的曲线如图 6.6 和图 6.7 所示。

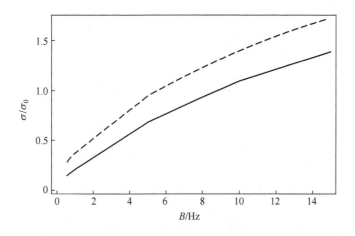

图 6.6 "白色"扰动滤波效率

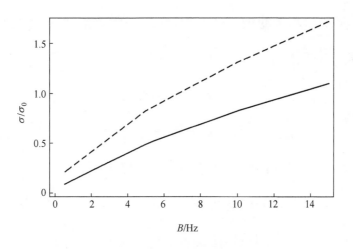

图 6.7 "高通"扰动滤波效率

这里,实线表示 $\gamma = 1$,虚线表示 $\gamma = 0.5$。标准偏差比 σ/σ_0 的水平越低,滤波质量越好。应该注意的是,当标准偏差比大于 1 时,滤波并不能改善角速率测量的质量。

同时，当角速率的带宽低于 CVG 的带宽时，滤波器仍然可以改善传感器的性能。

6.4 最优卡尔曼滤波合成

尽管维纳滤波器在平稳随机噪声和扰动的情况下性能优异，但非平稳噪声的情况仍然需要使用自适应卡尔曼滤波器，并辅以相应的计算硬件。接下来演示如何利用 CVG 的解调动力学合成自适应卡尔曼滤波器。

为了实现卡尔曼滤波，必须推导出以下形式的 CVG 动力学方程的差分模型：

$$\begin{cases} \boldsymbol{X}_n = \boldsymbol{F} \cdot \boldsymbol{X}_{n-1} + w_{n-1} \\ \boldsymbol{Z}_n = \boldsymbol{C} \cdot \boldsymbol{X}_n + v_n \end{cases} \quad (6.21)$$

式中　　$\boldsymbol{X}_n$ ——采样的状态矢量 $\boldsymbol{X} = \{\Omega \quad \Omega_0\}'$；

　　　　$\boldsymbol{Z}_n$ ——测量的状态矢量；

$\boldsymbol{C} = [1 \quad 0]$ ——状态测量矩阵；

　　　　w_n、v_n ——过程噪声和传感器噪声；

　　　　$\boldsymbol{F}$ ——状态变换矩阵。

$\boldsymbol{F}$ 可以由式(6.22)得到：

$$\boldsymbol{F} = L^{-1}\{(\boldsymbol{I} \cdot s - \boldsymbol{A})^{-1}\} \quad (6.22)$$

式中 L^{-1}——拉普拉斯逆变换；

A——系统矩阵。

对于简化的系统如式(6.1)，系统矩阵为

$$A = \begin{bmatrix} -k\zeta & k\zeta \\ 0 & 0 \end{bmatrix} \quad (6.23)$$

注意，当导出式(6.23)时，有一个假设条件，即输入角速率 Ω_0 为随机游走(白噪声)，因此矩阵 A 的第二行是零。将式(6.23)代入式(6.22)得到：

$$F = \begin{bmatrix} e^{-k\zeta t} & 1 - e^{-k\zeta t} \\ 0 & 1 \end{bmatrix} \quad (6.24)$$

为验证简化模型式(6.23)的状态可观测性，计算可观测矩阵为

$$Q_o = \begin{bmatrix} C \\ C \cdot F \end{bmatrix} = \begin{bmatrix} 1 & 0 \\ e^{-k\zeta t} & 1 - e^{-k\zeta t} \end{bmatrix} \quad (6.25)$$

可观测矩阵式(6.25)的满秩等于2，满足状态可观测条件。

离散卡尔曼滤波的控制方程如下所述。系统状态 X_n^- 的估计和误差协方差矩阵 P_n^- 的预测为

$$\begin{aligned} X_n^- &= F \cdot \hat{X}_{n-1} \\ P_n^- &= F \cdot \hat{P}_{n-1} \cdot F' + Q \end{aligned} \quad (6.26)$$

式中 Q——过程噪声 w_n 的协方差。

接下来计算卡尔曼增益 K_n、系统状态 $\hat{X}_n$ 的修正估计量、误差协方差矩阵 $\hat{P}_n$，表达式如下：

$$\begin{cases} K_n = P_n^- \cdot H' \cdot (H \cdot P_n^- \cdot H' + R)^{-1} \\ X_n = X_n^- + K_n \cdot (Z_n - H \cdot X_n^-) \\ \hat{P}_n = (I - K_n \cdot H) \cdot P_n^- \end{cases} \quad (6.27)$$

式中 R ——传感器噪声 v_n 的协方差。

计算使用式(6.27)估计的系统状态和误差协方差矩阵，然后代入式(6.26)完成下一步预测。

为了验证卡尔曼滤波器的性能，使用了与之前相同的真实 CVG 动力学仿真，但信号处理块(Simulink/Matlab)中的卡尔曼滤波器块附加在已经解调的输出率上。输入角速率的形状为方波，振幅为 1rad/s。白噪声被添加到输出速率之前，被馈入卡尔曼滤波块。数值模拟结果如图 6.8 和图 6.9 所示。

仿真条件：$k = 500\text{Hz}, \zeta = 0.025$。状态矢量使用零初始条件，误差协方差的初始值是单位矩阵。滤波器的其他参数如下：

$$Q = \begin{bmatrix} 0 & 0 \\ 0 & 2 \times 10^{-6} \end{bmatrix}, \quad R = 0.01$$

分析图 6.8 和图 6.9 可以看到添加的传感器噪声已经成功地从输出中去除，而输入角速率已经被估计出了一些误差，比测量的输出更接

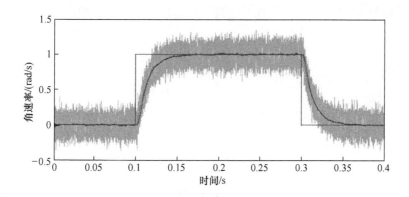

图 6.8 角速率测量
(灰色线:噪声输出,点虚线:实际输出,实线:输出估计)

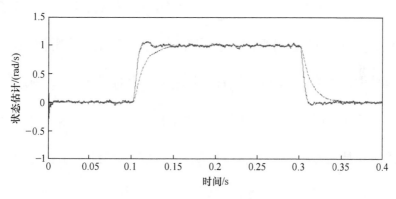

图 6.9 随时间的状态估计
(实线:输入角速率,虚线:输出角速率)

近实际的方形脉冲形状。

现在考虑角速率是由运动载体产生的情况。在这种情况下,它可以通过一个低通系统来建模,该低通系统运动方程为

$$\dot{\Omega} = -B\Omega + B\delta \qquad (6.28)$$

式中 B——载体带宽;

δ——白噪声。

系统矩阵式(6.23)和对应的转换矩阵式(6.24)相应地变成

$$A = \begin{bmatrix} -k\zeta & k\zeta \\ 0 & -B \end{bmatrix} \quad (6.29)$$

和

$$F = \begin{bmatrix} e^{-k\zeta t} & \dfrac{e^{-k\zeta t} - e^{-Bt}}{B - k\zeta} k\zeta \\ 0 & e^{-Bt} \end{bmatrix} \quad (6.30)$$

应该注意,如果 $B = 0$,那么矩阵式(6.29)和式(6.30)就变成了之前的模型。低通角速率情况下的状态估计仿真结果如图6.10所示。传感器噪声协方差矩阵与前一种情况相同,此时带宽 $B = 1\text{Hz}$。

从图6.10中可以看出,引入角速率的带宽不会对输入估计的效果带来任何实质性的改善。此外,广泛的分析已经证明,增加带宽会给输入角速率估计带来稳态误差。

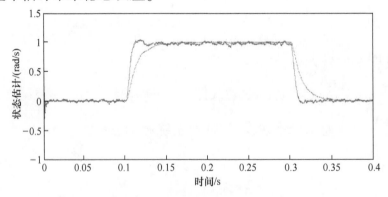

图6.10 低通角速率的状态估计
(实线:输入角速率,虚线:输出角速率)

6.5 交叉耦合补偿

零速率输出或零偏是振动陀螺仪的一个重要性能参数。振动机械结构,检测、驱动电极的几何缺陷,以及这些电极之间的电耦合,都会在没有外部旋转的情况下使输出信号发生变化。特别是在壳体陀螺仪的设计中,在没有外部旋转的情况下,振动结构的交叉阻尼也会产生类速率输出。

针对这些问题,迫切需要开发有效的科里奥利振动陀螺仪解耦系统。

为了解决非期望的 CVG 交叉耦合补偿问题,需要确定解耦环路的结构,并确定其传递函数。

6.5.1 耦合运动方程与系统结构

将 CVG 敏感元件的运动方程写成一般式,在上文中已经由式(6.29)给出:

$$\begin{cases} \ddot{x}_1 + 2\zeta_1\omega_1\dot{x}_1 + (\omega_1^2 - d_1\Omega^2)x_1 = q_1 - g_1\Omega\dot{x}_2 - d_3\dot{\Omega}x_2 \\ \ddot{x}_2 + 2\zeta_2\omega_2\dot{x}_2 + (\omega_2^2 - d_2\Omega^2)x_2 = q_2 + g_2\Omega\dot{x}_1 + d_4\dot{\Omega}x_1 \end{cases}$$

这两个方程仅由角速率 Ω 耦合,从而使该系统具有测量外部旋转的能力。然而,在真实系统中,其他交叉耦合项将会出现,例如交叉阻尼项和交叉刚度项。在系统中引入一个恒定的小角速率输入($\Omega^2 \approx 0$ 和 $\dot{\Omega} \approx 0$),引入交叉耦合项,敏感元件的运动方程变为

$$\begin{cases} \ddot{x}_1 + 2\zeta_1\omega_1\dot{x}_1 + \omega_1^2 x_1 = q_1(t) - g_1\Omega\dot{x}_2 - d_{12}\dot{x}_2 - c_{12}x_2 \\ \ddot{x}_2 + 2\zeta_2\omega_2\dot{x}_2 + \omega_2^2 x_2 = q_2(t) + g_2\Omega\dot{x}_1 + d_{21}\dot{x}_1 + c_{21}x_1 \end{cases} \tag{6.31}$$

式中　d_{12}、d_{21}——交叉阻尼系数;

　　　c_{12}、c_{21}——交叉刚度系数。

这些项都是不期望项,必须对这些交叉耦合项进行补偿,同时角速率的相关项必须保留。

对系统式(6.31)两边进行拉普拉斯变换,在零初始条件下,可以得到:

$$\begin{cases} (s^2 + 2\zeta_1\omega_1 s + \omega_1^2)x_1(s) = q_1(s) - (g_1\Omega s + d_{12}s + c_{12})x_2(s) \\ (s^2 + 2\zeta_2\omega_2 s + \omega_2^2)x_2(s) = q_2(s) + (g_2\Omega s + d_{21}s + c_{21})x_1(s) \end{cases} \tag{6.32}$$

CVG 的敏感元件作为控制系统的元件,由方程式(6.32)控制,可通过图 6.11 所示的结构方案表示。传递函数定义为

$$\begin{cases} W_1(s) = \dfrac{1}{s^2 + 2\zeta_1\omega_1 s + \omega_1^2} \\ \\ W_2(s) = \dfrac{1}{s^2 + 2\zeta_2\omega_2 s + \omega_2^2} \\ \\ C_1(s) = (g_1\Omega + d_{12})s + c_{12} \\ C_2(s) = (g_2\Omega + d_{21})s + c_{21} \end{cases} \tag{6.33}$$

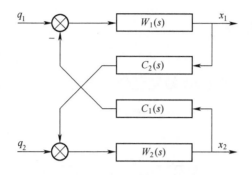

图 6.11 耦合 CVG 结构方案示意图

该系统的输出可由代数方程组式(6.34)求得：

$$\begin{cases} x_1(s) = W_1(s)[q_1(s) - C_1(s)x_2(s)] \\ x_2(s) = W_2(s)[q_2(s) + C_2(s)x_1(s)] \end{cases} \quad (6.34)$$

求解式(6.34)，省略拉普拉斯变量"s"，可以得到 CVG 的输出为

$$\begin{cases} x_1 = \dfrac{W_1}{1 + C_1 C_2 W_1 W_2} q_1 - \dfrac{C_1 W_1 W_2}{1 + C_1 C_2 W_1 W_2} q_2 \\ x_2 = \dfrac{W_2}{1 + C_1 C_2 W_1 W_2} q_2 + \dfrac{C_2 W_1 W_2}{1 + C_1 C_2 W_1 W_2} q_1 \end{cases} \quad (6.35)$$

应该注意，在理想情况下，系统中只存在有用的科里奥利交叉耦合：

$$\begin{cases} C_1(s) \to C_{10}(s) = g_1 \Omega s \\ C_2(s) \to C_{20}(s) = g_2 \Omega s \end{cases} \quad (6.36)$$

将式(6.36)代入式(6.35)就可以得到相应的理想系统的输出。

6.5.2 解耦系统综合

在图 6.11 所示的 CVG 敏感元件的输出中,添加图 6.12 所示的解耦结构。

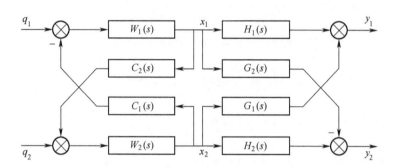

图 6.12 具有附加解耦结构的 CVG

这里传递函数 H_1、H_2、G_1 和 G_2 都是待定的。该系统的输出为

$$\begin{cases} y_1(s) = H_1(s)x_1(s) + G_1(s)x_2(s) \\ y_2(s) = H_2(s)x_2(s) - G_2(s)x_1(s) \end{cases} \quad (6.37)$$

将式(6.35)代入式(6.37),得

$$\begin{cases} y_1 = \dfrac{H_1 W_1 + C_2 G_1 W_1 W_2}{1 + C_1 C_2 W_1 W_2} q_1 + \dfrac{G_1 W_2 - C_1 H_1 W_1 W_2}{1 + C_1 C_2 W_1 W_2} q_2 \\ y_2 = \dfrac{H_2 W_2 + C_1 G_2 W_1 W_2}{1 + C_1 C_2 W_1 W_2} q_2 - \dfrac{G_2 W_1 - C_2 H_2 W_1 W_2}{1 + C_1 C_2 W_1 W_2} q_1 \end{cases} \quad (6.38)$$

假设解耦系统的输出式(6.38)必须与理想系统的输出相同,比较相应的传递函数(式中 q_1 和 q_2 的系数),可得到以下方程组:

$$\begin{cases} \dfrac{H_1 W_1 + C_2 G_1 W_1 W_2}{1 + C_1 C_2 W_1 W_2} = \dfrac{W_1}{1 + C_{10} C_{20} W_1 W_2} \\[2mm] \dfrac{G_1 W_2 - C_1 H_1 W_1 W_2}{1 + C_1 C_2 W_1 W_2} = -\dfrac{C_{10} W_1 W_2}{1 + C_{10} C_{20} W_1 W_2} \\[2mm] \dfrac{H_2 W_2 + C_1 G_2 W_1 W_2}{1 + C_1 C_2 W_1 W_2} = \dfrac{W_2}{1 + C_{10} C_{20} W_1 W_2} \\[2mm] -\dfrac{G_2 W_1 - C_2 H_2 W_1 W_2}{1 + C_1 C_2 W_1 W_2} = \dfrac{C_{20} W_1 W_2}{1 + C_{10} C_{20} W_1 W_2} \end{cases} \quad (6.39)$$

利用式(6.39)求解待定的传递函数 H_1、H_2、G_1 和 G_2,有

$$\begin{cases} G_1 = \dfrac{(C_1 - C_{10}) W_1}{1 + C_{10} C_{20} W_1 W_2} \\[2mm] G_2 = \dfrac{(C_2 - C_{20}) W_2}{1 + C_{10} C_{20} W_1 W_2} \\[2mm] H_1 = \dfrac{1 + C_{10} C_2 W_1 W_2}{1 + C_{10} C_{20} W_1 W_2} \\[2mm] H_2 = \dfrac{1 + C_{20} C_1 W_1 W_2}{1 + C_{10} C_{20} W_1 W_2} \end{cases} \quad (6.40)$$

最后,将式(6.33)和式(6.36)代入式(6.40),得到 CVG 解耦系统传递函数:

$$\begin{cases} G_1(s) = \dfrac{(c_{12} + d_{12}s)(s^2 + 2\zeta_2\omega_2 s + \omega_2^2)}{\Delta(s)} \\[2mm] G_2(s) = \dfrac{(c_{21} + d_{21}s)(s^2 + 2\zeta_1\omega_1 s + \omega_1^2)}{\Delta(s)} \\[2mm] H_1(s) = 1 + \dfrac{g_1 s(c_{21} + d_{21}s)}{\Delta(s)}\Omega \\[2mm] H_2(s) = 1 + \dfrac{g_2 s(c_{12} + d_{12}s)}{\Delta(s)}\Omega \end{cases} \quad (6.41)$$

这里的分母由下式表示:

$$\Delta(s) = (s^2 + 2\zeta_1\omega_1 s + \omega_1^2)(s^2 + 2\zeta_2\omega_2 s + \omega_2^2) + g_1 g_2 s^2 \Omega^2$$

因为已经假设角速率 Ω 很小 ($\Omega^2 \approx 0$),式(6.41)可进一步简化为

$$\begin{cases} G_1(s) = \dfrac{c_{12} + d_{12}s}{s^2 + 2\zeta_1\omega_1 s + \omega_1^2} \\[2mm] G_2(s) = \dfrac{c_{21} + d_{21}s}{s^2 + 2\zeta_2\omega_2 s + \omega_2^2} \\[2mm] H_1(s) = 1 + \dfrac{g_1 s(c_{21} + d_{21}s)}{(s^2 + 2\zeta_1\omega_1 s + \omega_1^2)(s^2 + 2\zeta_2\omega_2 s + \omega_2^2)}\Omega \\[2mm] H_2(s) = 1 + \dfrac{g_2 s(c_{12} + d_{12}s)}{(s^2 + 2\zeta_1\omega_1 s + \omega_1^2)(s^2 + 2\zeta_2\omega_2 s + \omega_2^2)}\Omega \end{cases}$$

$$(6.42)$$

对表达式(6.41)和式(6.42)的分析表明,如果所有不期望的交叉

耦合都不存在,如阻尼和刚度,那么这些传递函数就会简化为 $G_1 = G_2 = 0$, $H_1 = H_2 = 1$。然而,需要注意到,这些传递函数依赖未知的角速率 Ω,从而需要执行一些额外的步骤使解耦系统可用。

6.5.3 部分解耦系统

考虑到次振动通常比主振动小得多,可以合理地假设次振动对主振动的影响是可以忽略的。同时,只利用次振动的输出来测量角速率。此时,解耦系统可进一步简化,如图 6.13 所示。

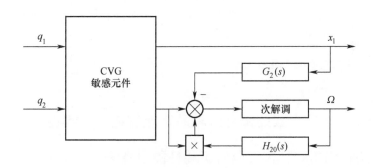

图 6.13 带部分解耦系统的 CVG

这里传递函数 G_2 由式(6.42)给出。图 6.13 所示系统的一个重要特征是它不依赖未知的角速率。利用数值模拟的方法来评价此系统的性能。在引入部分解耦系统之前与之后,测量角速率的对比结果如图 6.14 所示。其中仿真条件: $d_{12} = -d_{21} = 0.5, c_{12} = c_{21} = 50000$。可以看到,部分解耦系统显著改善了 CVG 的性能。

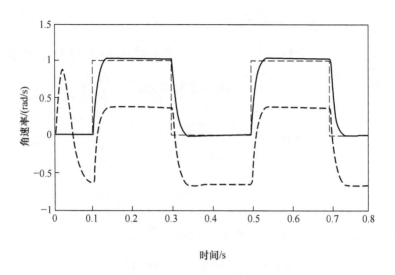

图 6.14 数值模拟结果
(点:输入角速率,虚线:不加解耦,实线:加解耦)

6.5.4 线性完全解耦系统

尽管 6.5.3 节考察的部分解耦系统能够在一定程度上将 CVG 从不期望的耦合中解耦出来,但对于高性能设备来说,这可能仍然不够。同时,由于传递函数式(6.41)中存在未知的角速率系数,基于传递函数式(6.41)的完全解耦系统是不可行的。然而,在线性化表达式(6.42)中,角速率只是解耦系统的一个额外输入项。这种特性使得我们可以通过将解耦后的角速率反馈回去来构建解耦系统,如图 6.15 所示。

在图 6.15 中,"CVG 敏感元件"模块已经在图 6.11 中展示过,"次振动解调器"模块用于解调次振动,并把解调得到的角速率测量值作

为输出。最后,反馈传递函数 $H_{20}(s)$ 由式(6.43)给出:

$$H_{20}(s) = \frac{g_2 s(c_{12} + d_{12}s)}{(s^2 + 2\zeta_1\omega_1 s + \omega_1^2)(s^2 + 2\zeta_2\omega_2 s + \omega_2^2)} \quad (6.43)$$

表达式(6.43)可由式(6.42)直接得到,取式(6.42)中传递函数 $H_2(s)$ 的角速率系数。

为了比较线性解耦系统与部分解耦系统的性能,用这两个系统对实际 CVG 进行数值模拟。其中,最关键的单位阶跃过渡过程如图 6.16 所示。

虽然图 6.15 所示的系统是非线性的,但其性能明显优于部分解耦系统。小结:本节主要研究了解耦系统,给出了解耦系统的结构和传递函数,能够通过有效消除不期望的交叉耦合来显著提高 CVG 性能。对于结构简单、精度要求低的系统,其适用于局部解耦系统;对于高性能传感器,则其适用于线性完全解耦系统。以上方式都可以提高 CVG 的偏置稳定性和标度因数稳定性。

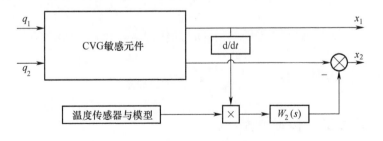

图 6.15 线性完全解耦系统

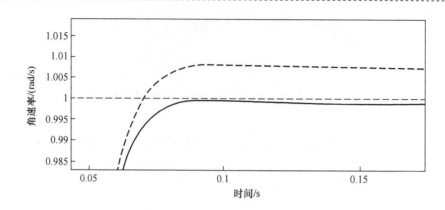

图 6.16 解耦系统性能比较
(点虚线:输入角速率,虚线:部分解耦器,实线:线性完全解耦器)

6.6 温度误差补偿

在 CVG 中,温度变化是引起偏置不稳定的主要原因之一,而且几乎影响 CVG 的所有性能指标。图 6.17 和图 6.18 显示了在 CVG 的实验测试中观察到的与温度显著相关的零速率输出。图 6.17 给出温度变化曲线,图 6.18 给出没有温度补偿的 CVG 零速率输出。

有观点认为,温度变化通过温度交叉阻尼项引起了偏置变化。在这种情况下,即使没有外部旋转施加到传感器上,敏感元件的主振动也能引起次振动(输出)。

6.6.1 交叉阻尼传递函数

考察当系统中存在温度交叉阻尼项时,CVG 敏感元件的运动方程：

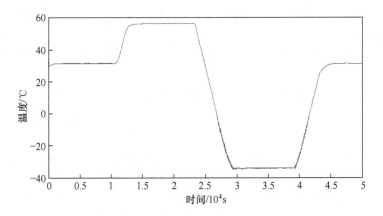

图 6.17　温度剖面图

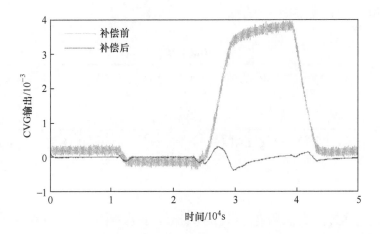

图 6.18　温度补偿前后的 CVG 输出

$$\begin{cases} \ddot{x}_1 + 2\zeta_1\omega_1\dot{x}_1 + (\omega_1^2 - d_1\Omega^2)x_1 + (g_1\Omega + 2\zeta_{21}\omega_2)\dot{x}_2 + d_3\dot{\Omega}x_2 = q_1(t) \\ \ddot{x}_2^2 + 2\zeta_2\omega_2\dot{x}_2 + (\omega_2^2 - d_2\Omega^2)x_2 - (g_2\Omega + 2\zeta_{12}\omega_1)\dot{x}_1 - \dot{\Omega}x_1 = q_2(t) \end{cases}$$

(6.44)

这里 ζ_{12} 和 ζ_{21} 是相对交叉阻尼系数。因此，即使没有外部旋转（$\Omega = 0$），次振动仍然存在，并与 ζ_{12} 线性相关。

阻尼引起的交叉耦合项（恒定）可以通过标定来消除，但是由温度变化引起的阻尼项 ζ_{12} 会随时变化，不能通过标定有效地处理。

接下来推导由温度引起的输出的数学模型。根据第 4 章所演示的从解调信号中分析 CVG 敏感元件动力学的方法，可以在拉普拉斯域中表示次振动的复振幅为

$$A_2(s) = W_2^{\Omega}(s) \cdot \Omega(s) + W_2^{\zeta}(s) \cdot \zeta_{12}(s) \quad (6.45)$$

这里传递函数的表达式如下：

$$\begin{cases} W_2^{\Omega}(s) = \dfrac{q_{10}(j\omega g_2 + d_4 s)}{[(s+j\omega)^2 + 2\zeta_2(\omega_2(s+j\omega) + \omega_2^2](\omega)_1^2 - \omega^2 + 2j\omega\omega_1\zeta_1\omega)} \\[2ex] W_2^{\zeta}(s) = \dfrac{2j\omega\omega_2}{[(s+j\omega)^2 + 2\zeta_2\omega_2(s+j\omega) + \omega_2^2](\omega_1^2 - \omega^2 + 2j\omega_1\zeta_1\omega)} \end{cases}$$

$$(6.46)$$

仍需注意，由交叉阻尼引起的次振动的振幅部分与由角速率引起的振幅部分是无法区分的。继续推导将输入交叉阻尼与输出角速率联系起来的传递函数为

$$\Omega^{\zeta}(s) = W_{\Omega}^{\zeta}(s) \cdot \zeta_{12}(s) \quad (6.47)$$

式中 $\Omega^{\zeta}(s)$ ——由交叉阻尼引起的"错误"的角速率。

显然，传递函数 $W_{\Omega}^{\zeta}(s)$ 可以用式（6.46）中的传递函数表示为

$$W_\Omega^\zeta(s) = \frac{W_2^\zeta(s)}{W_2^\Omega(s \to 0)} = \frac{2\omega_2(\omega_2^2 - \omega^2 + 2j\omega_2\omega\zeta_2)}{g_2[\omega_2^2 - \omega^2 + 2\omega_2\zeta_2 s + 2j\omega(s + \omega_2\zeta_2)]}$$

(6.48)

传递函数式(6.48)可以使用假设进一步简化,与第4章中使用的方法类似。这里假设主次振动的固有频率相等($\omega_1 = \omega_2 = k$),阻尼系数相等($\zeta_1 = \zeta_2 = \zeta$),此时主振动激励频率为$\omega_1 = k\sqrt{1-2\zeta^2}$。在这些假设下,传递函数式(6.48)变为

$$W_\Omega^\zeta(s) = \frac{2k^2\zeta}{g_2(s + k\zeta)} \quad (6.49)$$

传递函数式(6.49)可以有效地分析由于交叉阻尼引起的误差,交叉阻尼不仅存在于系统中,而且会因不同的原因而变化。

6.6.2 交叉阻尼的经验建模

假设交叉阻尼系数是温度漂移T的函数,可以用多项式近似为

$$\zeta_{12} = \zeta_{12}(T) \approx \sum_{i=0}^{n} \zeta_i^T T^i \quad (6.50)$$

当环境温度(通过测量)已知,且没有角速率时(图6.17和图6.18),就可以通过实验确定与温度相关的系数ζ_i^T。然而,在大多数情况下是观察角速率作为陀螺的输出的。为了将角速率与输入的交叉阻尼联系起来,需使用传递函数式(6.49)的稳态:

$$\Omega(T) = W_\Omega^\zeta(s \to 0)\zeta_{12}(T) \approx \frac{2k}{g_2}\sum_{i=0}^{n}\zeta_i^T T^i = \sum_{i=0}^{n}\Omega_i^T T^i \quad (6.51)$$

交叉阻尼模型式(6.51)的参数 Ω_i^T 现在可以从实验数据中识别出来,其值为 $\Omega_0^T = 10.0792 \times 10^{-3}$, $\Omega_1^T = -40.631 \times 10^{-5}$, $\Omega_2^T = 70.7044 \times 10^{-7}$, $\Omega_3^T = -50.8598 \times 10^{-9}$。

高阶分量的影响可以忽略不计。为了验证交叉阻尼模型式(6.51),可以从陀螺仪输出中减去得到的与温度相关的角速率,产生如图 6.18(补偿线)所示的补偿输出。可以看到,模型式(6.51)成功地补偿了温度稳定时的偏差,而在温度变化时表现一般。

6.6.3 温度补偿系统

为了有效地处理 CVG 动力学中由温度引起的动态过程,使用在前面的章节中描述的交叉耦合补偿技术来合成温度补偿系统。一个简单的部分解耦系统的结构如图 6.13 所示。对于与温度相关的交叉阻尼补偿,解耦系统中的传递函数为

$$G_2(s) = \frac{2\zeta_{12}\omega_1 s}{s^2 + 2\zeta_2\omega_2 s + \omega_2^2} \qquad (6.52)$$

其中,ζ_{12} 是与温度有关的交叉阻尼系数,见式(6.50)。利用温度传感器可以获取温度测量值,然后将温度测量值与主振动的测量值相结合,以实现低电平(在解调之前)温度补偿,如图 6.19 所示。

对该温度补偿系统进行数值仿真,结果如图 6.20 所示。

在这些数值模拟中,温度在 $-50 \sim 50\ ℃$ 呈正弦规律变化,周期为

1s。可以看到,该温度补偿系统非常有效地消除了由于温度引起的交叉阻尼变化的影响。但是,这个系统仍然依赖温度传感器的使用。

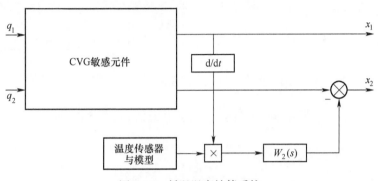

图6.19 低温温度补偿系统

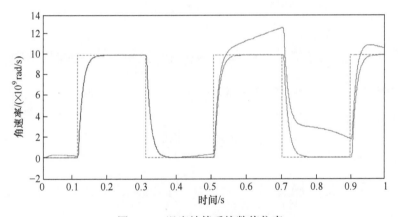

图6.20 温度补偿系统数值仿真
(虚线:输入角速率,细线:未补偿输出,粗线:补偿输出)

6.6.4 温度误差最优滤波

分析式(6.45)可知,温度对CVG输出的影响与角速率类似,二者在测量中无法区分:

$$\Omega(s) = W(s) \cdot \Omega_0(s) + W_\zeta(s) \cdot \zeta_{12}(s) \quad (6.53)$$

其中，$W(s)$ 是系统传递函数，见式(6.1)；$W_\zeta(s)$ 是交叉阻尼传递函数，见式(6.49)。从这个意义上说，温度的影响可以看作 CVG 系统的过程噪声或扰动，如图 6.4 所示。这样一来我们就能够利用之前研究过的方法来推导最优的过程噪声滤波器，进而产生一个温度误差补偿系统，该系统不再需要测量温度，而是使用温度变化的统计特性来使温度误差最小化。

利用传递函数 $W(s)$ 和 $W_\zeta(s)$ 的相似之处，扰动可以定义为

$$\psi(s) = \frac{2k}{g_2}\zeta_{12}(s) \quad (6.54)$$

假设 CVG 安装在一个可移动载体上，如无人机或陆地车辆，其功率谱密度可以表示为一个低通模型，类似于前文提到的模型：

$$S_\zeta(s) = \frac{\gamma^2 \sigma^2}{-s^2} \quad (6.55)$$

显然，温度是缓慢变化的，因此用下面的随机游走模型可以充分地表示：

$$S_\Omega(s) = \frac{\sigma^2 B^2}{B^2 - s^2} \quad (6.56)$$

功率谱密度式(6.55)和式(6.56)现在可以用来合成最优滤波器，以减小由温度变化引起的误差。

在 6.3 节中研究的维纳算法可以用来推导最优过程噪声滤波器。

根据式(6.55),使用维纳-辛钦定理计算谱密度 $S_{\varphi\varphi}(s)$:

$$S_{\varphi\varphi}(s) = |W_\Omega(s)|^2 S_\psi(s)$$

$$= |W_\Omega(s)|^2 \frac{4k^4}{g_2^2} S_\zeta(s)$$

$$= \frac{4\gamma^2 \sigma^2 k^4 \zeta^2}{-s^2 g_2^2(-s^2 + k^2\zeta^2)} \quad (6.57)$$

利用谱密度式(6.57)和式(6.55),根据公式(6.12)可以推导出最优滤波器。经过计算,得到最优滤波器的表达式:

$$G(s) = \frac{2Bk\gamma(k\zeta + s)}{k\zeta(2Bk\gamma + s\sqrt{g_2^2 B^2 + 4k^2\gamma^2})} \quad (6.58)$$

最优温度误差滤波器式(6.58)可以用来减少温度变化对 CVG 性能的影响。同样需要注意的是,滤波器式(6.58)是一个静态传递函数,因此不需要计算设备,可以使用模拟电子器件作为特定应用的集成电路来实现。

6.7 全角-力平衡控制

全角模式可以测量旋转角度而非角速率,此时需要设计类似于傅科摆的敏感元件以用于全角模式。在本节中提出了一种设计方法,在传统的角速率传感 CVG 中提供一个反馈控制器,在抑制敏感元件的速率传感输出的同时,提供类似全角模式的操作。

根据解调(包络)信号,CVG 和负反馈环路可以表示为如图 6.21 所示的控制系统。

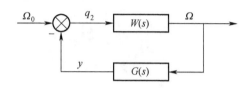

图 6.21　带有反馈控制器的 CVG

图 6.21 中的 Ω 是陀螺仪的实际输出(角速率测量值),Ω_0 是未知的角速率(系统输入),$W(s)$ 是 CVG 传递函数,由式(6.1)给出。需要设计出反馈控制器 $G(s)$,它产生输出 y,输出 y 被调制并作用到 CVG 敏感元件的次模态,以限制陀螺的输出。同时,信号 y 本身必须表示角速率的积分,即旋转角度。

从输入角速率 Ω_0 到反馈输出 y 的传递函数为

$$W_y(s) = \frac{W(s) \cdot G(s)}{1 + W(s) \cdot G(s)} \quad (6.59)$$

为了测量角速率的积分(全角模式),传递函数式(6.59)必须等于积分单元 $1/s$,有

$$\frac{W(s) \cdot G(s)}{1 + W(s) \cdot G(s)} = \frac{1}{s} \quad (6.60)$$

将式(6.1)代入式(6.60),解出未知反馈传递函数 $G(s)$:

$$G(s) = \frac{\zeta k + s}{\zeta k(s-1)} \qquad (6.61)$$

需要注意,传递函数式(6.61)是根据解调包络信号推导出来的。这意味着,为了将 $G(s)$ 的输出 y 作为敏感元件次模态(加速度 q_2)的驱动器,必须与主模态的输出分别调制,使主次模态的科里奥利力保持一致性:

$$q_2(t) = g_2 \cdot y(t) \cdot \dot{x}_1(t) \qquad (6.62)$$

对敏感元件施加信号式(6.62),可使其位移减小,而反馈输出 y 成为陀螺仪的新输出,实现全角模式。

带反馈控制器的 CVG 仿真原理图如图 6.22 所示。

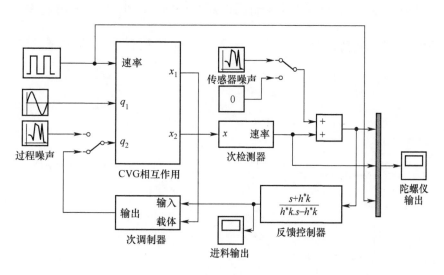

图 6.22 在 Simulink 中模拟 CVG 控制操作

在这里,子系统"CVG 动力学"模拟基于完整广义方程的敏感元件动力学。图 6.23 展示了由仿真产生的解调信号:输入角速率(虚线)、高噪声测量角速率(灰色线)和补偿后的 CVG 实际输出。

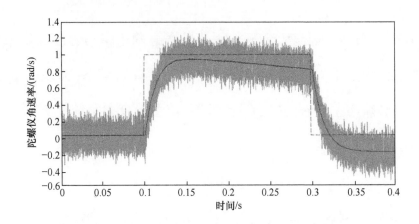

图 6.23　CVG 信号:力再平衡模式下的固体二次输出
(灰色线:噪声二次输出,虚线:输入角速率)

可以注意到,陀螺的实际输出(实线)实际上小于输入角速率。与此同时,反馈控制器的输出(图 6.24)在降低反馈回路噪声影响的同时,产生积分角速率(旋转角度)。

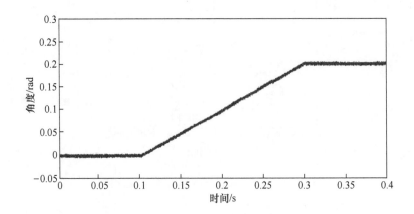

图 6.24　集成(全角度)CVG 反馈输出

以上内容介绍了一个反馈控制器的综合结果,该系统应用于传统的CVG,可以实现陀螺的全角力平衡模式。该控制器不仅减小了敏感元件的偏转,还减小了测量噪声对输出旋转角度的影响。

6.8 小　　结

根据性能需求,总是可以设计出最优的敏感元件。但是要把敏感元件制造到设计时的完美水平是不可能的。在制造过程中,肯定会引入大量的缺陷,甚至优化设计时的所有优点都可能化为乌有。将制造工艺提高到更高的水平是一种方法,但它会显著增加制造成本。另一种被认为是更好的方法是通过适当的综合信号处理和控制来弥补缺陷的影响。

---------- 延伸阅读文献 ----------

1. Savet P (1961) Gyroscopes: theory and design. McGraw-Hill, New York.

2. Quick W (1964) Theory of vibrating string as an angular motion sensor. J Appl Mech 31(3): 523-534.

3. Friedland B, Hutton MF (1978) Theory and error analysis of vibrating-member gyroscope. IEEE Trans Autom Control 23:545-556.

4. O'Connor J, Shupe D (1983) Vibrating beam rotation sensor. U.S. Patent 4381672.

5. Ragan R (1984) Inertial technology for the future. IEEE Trans Aerosp Electron Syst V-AES20 (4):414-440.

6. Boxenhorn B (1984) Planar inertial sensor. US Patent 4598585, 8 July 1986.

7. Boxenhorn B (1988) A vibratory micromechanical gyroscope. In: Proceedings of the AIAA guidance and control conference, Minneapolis, pp. 1033.

8. Boxenhorn B, Greiff P (1988) A vibratory micromechanical gyroscope. In: Proceedings of the AIAA guidance and controls conference Minneapolis, USA, pp. 1033-1040.

9. Tang W, Nguyen T-C, Howe R (1989) Laterally driven polysilicon resonant microstructures. In: Proceedings of the micro electro mechanical systems, 1989, An investigation of micro structures,

sensors, actuators, machines and robots. IEEE, pp. 53-59.

10. Fujimura S, Yano K, Kumasaka T, Ariyoshi H, Ono O (1989) Vibration gyros and their applications. In: Proceedings of the IEEE international conference on consumer electronics, pp. 116-117.

11. Buser R, De Rooij N (1989) Tuning forks in silicon. In: IEEE Micro-electro-mechanical systems workshop, Salt Lake City, USA, pp. 94-95.

12. Söderkvist J (1990) A mathematical analysis of flexural vibrations of piezoelectric beams with applications to angular rate sensors. Ph. D. thesis, Uppsala University, Sweden.

13. Greiff P, Boxenhorn B, King T, Niles L (1991) Silicon monolithic gyroscope. In: Transducers'91, digest of technical papers, international conference on solid state sensors and actuators, pp. 966-969.

14. Söderkvist J (1991) Piezoelectric beams and vibrating angular rate sensors. In: IEEE transactions on ultrasonics, ferroelectrics and frequency control, vol 38, no 3, pp. 271-280.

15. Fujishima S, Nakamura T, Fujimoto K (1991) Piezoelectric vibratory gyroscope using flexural vibration of a triangular bar. In: Proceedings of the 45th annual symposium on frequency control, pp. 261-265.

16. Abe H, Yoshida T, Turuga K (1992) Piezoelectric-ceramic cylinder vibratory gyroscope. Japanese Journal of Applied Physics 31(Part 1, No. 9B):3061-3063.

17. Lawrence A (1993) Modern inertial technology: navigation, guidance and control. Springer, New York.

18. Bernstein J, Cho S, King A, Kourepenis A, Maciel P, Weinberg M (1993) A micromachined comb-drive tuning fork rate gyroscope. In: Proceedings of the micro electro mechanical systems,

MEMS '93. An investigation of micro structures, sensors, actuators, machines and systems. IEEE, pp. 143-148.

19. Bernstein I, Weinberg M (1994) Comb drive micromechanical tuning fork gyro. US Patent 5349855, 27 Sept 1994.

20. Burdess J, Harris A, Cruickshank J, Wood D, Cooper G (1994) A review of vibratory gyroscopes. J Eng Sci Educ V3(6):249-254.

21. Söderkvist J (1994) Micromachined gyroscopes. Sens Actuators A 43(1-3):65-71.

22. Putty M, Najafi K (1994) A micromachined vibrating ring gyroscope. In: Solid-state sensor and actuator workshop Hilton Head, pp. 213-220.

23. Lynch D (1995) Vibratory gyro analysis by the method of averaging. In: Proceedings of the 2nd St. Petersburg conference on gyroscopic technology and navigation, St. Petersburg, pp. 26-34.

24. Tanaka K, Mochida Y, Sugimoto M, Moriya K, Hasegawa T, Atsuchi K, Ohwada K (1995) A micromachined vibrating gyroscope. Sens Actuators A 50(1-2):111-115.

25. Wood D, Cooper G, Burdess J, Harris A, Cruickshank J (1995) A silicon membrane gyroscope with electrostatic actuation and sensing. In: SPIE proceedings in microfabrication and micromachining, vol 2642, pp. 74-83.

26. Maenaka K, Fujita T, Konishi Y, Maeda M (1996) Analysis of a highly sensitive silicon gyroscope with cantilever beam as vibrating mass. Sens Actuators A 54(1-3):568-573.

27. Greiff P, Antkowiak B, Campbell J, Petrovich A (1996) Vibrating wheel micromechanical gyro. In: Proceedings of the IEEE position location and navigation symposium, pp. 31-37.

28. Clark W, Howe R, Horowitz R (1996) Micromachined Z-axis vibratory rate gyroscope. In: Technical digest of the solid-state sensor and actuator workshop, Hillon Head, South Carolina,

pp. 283-287.

29. Paoletti F, Gretillat M-A, de Rooij N (1996) A silicon micromachined vibrating gyroscope with piezoresistive detection and electromagnetic excitation. In: Micro-electro-mechanical systems, MEMS '96, pp. 162-167.

30. Langmaid C (1996) Vibrating structure gyroscopes. Sens Rev 16(1):14-17.

31. Clark W (1996) Micromachined vibratory rate gyroscopes. Ph. D. Dissertation, U. C. Berkeley.

32. Titterton D, Weston J (1997) Strapdown inertial navigational technology. Peter Peregrinus Ltd, Lavenham.

33. Niu M, Xue W, Wang X, Xie J, Yang G, Wang W (1997) Vibratory wheel gyroscope. In: Proceedings of the transducers'97, pp. 891-894.

34. Juneau T, Pisano A, Smith J (1997) Dual axis operation of a micromachined rate gyroscope. In: Proceedings of the international conference on solid state sensors and actuators, TRANSDUCERS'97 Chicago, vol 2, pp. 883-886.

35. Hulsing R (1998) MEMS inertial rate and acceleration sensor. IEEE AES Syst Mag 13:17-23.

36. Yazdi N, Ayazi F, Najafi K (1998) Micromachined intertial sensors. Proc IEEE 86 (8): 1640-1659.

37. Solomon S (1998) Sensors handbook. McGraw Hill Handbooks, New York.

38. Oh Y, Lee B, Baek S, Kim H, Kim J, Kang S, Song C (1998) A tunable vibratory microgyroscope. Sens Actuators A 64:51-56.

39. Allen J, Kinney R, Sarsfield J, Daily M, Ellis J, Smith J, Montague S, Howe R, Horowitz R, Pisano A, Lemkin M, Clark W, Juneau T (1998) Integrated micro-electro-mechanical sensor development for inertial applications. IEEE AES Syst Mag, 36-40.

40. Yachi M, Ishikawa H, Satoh Y, Takahashi Y, Kikuchi K (1998) Design Methodology of single crystal tuning fork gyroscope for automotive applications. In: Proceeding of the IEEE ultrasonics symposium, vol 1, pp. 463–466.

41. Geiger W, Folkmer B, Sobe U, Sandmaier H, Lang W (1998) New designs of micromachined vibrating rate gyroscopes with decoupled oscillation modes. Sens Actuators A 66(1–3): 118–124.

42. Kourepenis A, Bernstein J, Connelly J, Elliott R, Ward P, Weinberg M (1998) Performance of MEMS inertial sensors. In: IEEE symposium on position location and navigation, pp. 1–8.

43. Degani O, Seter D, Socher E, Kaldor S, Nemirovsky Y (1998) Optimal design and noise consideration of micromachined vibrating rate gyroscope with modulated integrative differential optical sensing. IEEE J Microelectromech Syst 7(3):329–338.

44. Hopkin I, Fell C, Townsend K, Mason T (1999) Vibrating structure gyroscope. US Patent 5932804.

45. Dong Y, Gao Z, Zhang R, Chen Z (1999) A vibrating wheel micromachined gyroscope for commercial and automotive applications. In: Proceedings of the 16th IEEE instrumentation and measurement technology conference, vol 3, pp. 1750–1754.

46. Shkel A, Horowitz R, Seshia A, Park S, Howe R (1999) Dynamics and control of micromachined gyroscopes. In: Proceedings of the American control conference, vol 3, pp. 2119–2124.

47. Leland R (2001) Mechanical thermal noise in vibrating gyroscopes. In: Proceedings of the American control conference, 25–27 June 2001, pp. 3256–3261.

48. Apostolyuk V, Logeeswaran VJ, Tay F (2002) Efficient design of micromechanical gyroscopes.

J Micromech Microeng 12:948-954.

49. Painter C, Shkel A (2003) Active structural error suppression in MEMS vibratory rate integrating gyroscopes. IEEE Sens J 3(5):595-606.

50. Apostolyuk V, Tay F (2004) Dynamics of micromechanical coriolis vibratory gyroscopes. Sens Lett 2(3-4):252-259.

51. Fraden J (2004) Handbook of modern sensors:physics, designs, and applications. Spinger, New York.

52. Apostolyuk V (2006) Theory and design of micromechanical vibratory gyroscopes. In: Leondes CT (ed) MEMS/NEMS Handbook, Springer, vol 1, Chapter 6, pp. 173-195.

53. Weinberg M, Kourepenis A (2006) Error sources in in-plane silicon tuning-fork MEMS gyroscopes. J Microelectromech Syst 15(3):479-491.

54. Saukoski M, Aaltonen L, Halonen K (2007) Zero-rate output and quadrature compensation in vibratory MEMS gyroscopes. IEEE Sens J 7(12):1639-1652.

55. Dong Y, Kraft M, Hedenstierna N, Redman-White W (2008) Microgyroscope control system using a high-order band-pass continuous-time sigma-delta modulator. Sens Actuators A 145-146:299-305.

56. Antonello R, Oboe R, Prandi L, Caminada C, Biganzoli F (2009) Open loop compensation of the quadrature error in MEMS vibrating gyroscopes. In: 35th annual conference of IEEE industrial electronics, IECON '09, pp. 4034-4039.

57. Jiancheng F, Jianli L (2009) Integrated model and compensation of thermal errors of silicon microelectromechanical gyroscope. IEEE Trans Instrum Measur 58(9):2923-2930.

58. Antonello R, Oboe R (2011) MEMS gyroscopes for consumer and industrial applications.

Microsensors, Intech, pp. 253-280.

59. Tatar E, Alper S, Akin T (2012) Quadrature-error compensation and corresponding effects on the performance of fully decoupled MEMS gyroscopes. J Microelectromech Syst 21 (3): 656-667.

60. Prikhodko I, Zotov S, Trusov A, Shkel A (2012) Foucault pendulum on a chip: rate integrating silicon MEMS gyroscope. Sens Actuators A 177:67-78.